【修訂版】

世界第一簡單
物理學

力學篇

新田英雄◎著

高津Keita◎作畫　TREND・PRO◎製作

朱士維、李荐軒◎審訂

林羿妏◎譯

前言

　　理解物理所不可欠缺的是對於「現象」的正確想像。尤其在力學中，我們必須一邊想像物體的運動如何時刻變化，一邊理解物理法則。然而，以往的教科書通常以文字為主，所以無法充分表達物體變動的意象。

　　本書活用漫畫的特長，嘗試突破上述教科書的種種限制。漫畫不僅是圖象的集合，更能表現出時間性。因此，可生動地表現出隨著時間流動而變化的運動現象。如此一來，應該可將以往被認為枯燥乏味而缺乏實際體驗的力學現象及定律，變身為貼近生活的內容。當然，若不有趣就不可稱為漫畫。因此本書也在此著力不少。雖然這個嘗試是否成功僅能待各位讀者的評斷，但除了受限於篇幅，而不得不刪除談及圓周運動及非慣性座標的遊樂園章節之外，身為作者，我認為這是部相當令人滿意的作品。

　　本書的主角是位不擅長物理的高中生——二宮惠美。我相信即使是對物理抱持著懼怕態度的讀者也能和主角惠美一起學習、思考，並在樂趣中了解力學的基礎。

　　我希望本書可以有更多「不擅長物理的人」及「討厭物理的人」閱讀，並且期望大家都能如同本書主角一般，漸漸對物理產生興趣。

　　最後，誠摯感謝Ohm社的工作人員、負責故事腳本的re_akino，以及完成絕佳漫畫的高津Keita先生。若沒有各位的協助，我絕對無法獨力完成此書。

2006 年 11 月

新田英雄

iii

本書的用法

　　本書專爲不擅長物理的人至理工科系的大學生等不同程度讀者所撰寫，爲了使各種讀者可配合自己適合的程度學習，而分成「漫畫部分」、「進階」、「挑戰」三個階段。

　　正要學習物理的人或是學不好物理的人：首先請僅閱讀漫畫部分。即使碰到無法理解的地方，也無需在意。你將會因爲有趣的漫畫而順利讀完吧！讀完一遍漫畫後，接下來請連同「實驗室」再閱讀一次。雖然會出現數學算式，但由於僅會使用到國中程度的數學，若認眞閱讀，應可漸漸理解！若即使如此還是有無法理解之處，就請略過吧！讀得越透徹，越能漸漸懂得物理的思考法。之後，再請依自己的興趣及理解程度，慢慢往進階部分和挑戰部分邁進。此外，請利用在本書學得的力學定律，試著思考生活週遭的現象。重要的是，不斷思考。

　　物理成績普普，但想進一步學習高中程度物理力學的人：請盡量閱讀進階部分。進階部分爲補充漫畫內容的解說。若是非常喜歡理科的人，即使是國中生也可以理解！此外，對於書中出現的算式，請自己計算一遍。請不要死背公式，因爲藉由基本定律導出結果是理解物理的關鍵之一。

　　大學生‧理工科系出身的社會人士‧喜歡物理的高中生：請一路讀至挑戰部分。此部分是以高中程度的微積分，進一步爲漫畫內容作補充。微積分是由發現三大運動定律的牛頓所創造的，爲充分運用力學所不可或缺的道具。此外，使用微積分後，可清楚地展示出力學各定律間的關聯。若不看書，也能由牛頓三大運動定律導出動量守恆定律、功和動能的關係、能量守恆定律的話，則表示你已具備相當的物理實力。

本書的故事純屬虛構。

目　次 ⋯⋯⋯⋯⋯⋯⋯⋯⋯⋯⋯⋯⋯⋯⋯⋯⋯

第1章 作用力與反作用力定律

第2章 力與運動

第3章 動量

第 4 章 能量

數小時前——

物理考試考得怎樣？

那

第 9 題你們選什麼答案呀？

我們正在討論。

第 9 題　試想以網球拍擊球的狀況。球施加在球拍上的力和球拍施加在球上的力，其大小關係為何？請從下列答案中，選出適當的答案。

①球拍施加在球上的力比球施加在球拍上的力大。

②球施加在球拍上的力比球拍施加在球上的力大。

③球施加在球拍上的力和球拍施加在球上的力相等。

④球施加在球拍上的力和球拍施加在球上的力的大小關係，依球拍的重量及球的速度而改變。

我選③。

我也是～

咦！

我選①耶……

閃

亮

妳說什麼呀？
沙也加……

乖乖

喔呵呵呵♥

唉呀呀，
惠美……　妳難道忘了「作用力與反作用力定律」嗎？

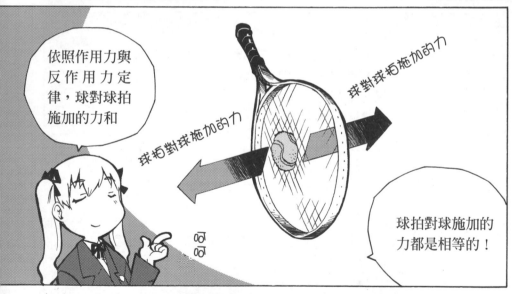

依照作用力與反作用力定律，球對球拍施加的力和

球拍對球施加的力

球對球拍施加的力

球拍對球施加的力都是相等的！

因此，答案是③！

驚！

什麼！

不就是球拍對球施加的力比球對球拍施加的力還要強嗎？

糟糕……無法集中精神…

因為

像這樣子把球回擊回去

嗚！

啪

沙

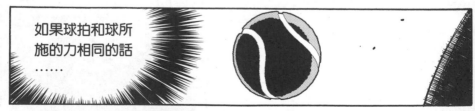

如果球拍和球所施的力相同的話……

啪

哇！

嘿！

如果是相同的話

啪

力就會互相
抵消……

啊

球就不會跳
動了，不是
嗎？

滾
滾
滾

比賽結束！

沙也加獲勝！

我輸了
……

敗犬就負責收
拾場地吧！麻
煩妳囉！

阿 阿

阿

阿

阿

失望

真是的……

我居然輸給沙也加

……而且到最後也沒解開那個疑問。

噹——噹——

噹——噹——

咚

OPOI！

唉呀，好痛?!

……對不起！

同班的野野村龍太？

他可是學校的風雲人物。聽說是

「國際物理奧林匹克競賽」的銀牌得主。

※惠美的想像

那個……這是？

啊

球滾到腳邊，然後……

我想說幫妳撿球，所以就瞄準了球籃丟過去，

但是我並不擅長運動。

其實你不需要用丟的，直接拿給我就好了呀……

妳……妳說得對。

滾

如果不是故意的
就沒關係……
話說回來，

你在這裡做
什麼呢？

我剛剛一邊看比
賽，一邊用物理
計算球的運動
……

$Magnus.$
$m\frac{d^2y}{dt^2} =$
$-mg$

哇！不愧是物
理奧林匹克競
賽銀牌得主！

……那麼，你也
看到我輸球的慘
狀囉?!

銀牌呀……

是呀……

激

動

你聽我說！

我輸球是有理由的！

緊

喘—

抓

啊？

今天的物理考試有出現關於網球的問題，對吧？

是呀！

比賽過程中，我一直很在意那個問題……

那個問題……

就是——

原來如此。

所以比賽時我完全無法集中精神。

對了！

你可以教我那個問題的原理嗎？

拜託

什麼?!

你不是銀牌得主嗎？拜託你！

第 **1** 章

作用力與
反作用力定律

1. 作用力與反作用力定律

野野村同學
……

你好像不常在教室裡，該不會都待在這裡吧？

是呀！

咚
咚

這邊有好多實驗設備……感覺好安靜。

可以任意使用嗎？

嗯，沒問題。因為我已經取得老師的許可了。

喔

真不愧是銀牌得主。

啪　啪

我聽說妳是運動高手呢！

呵呵……沒有啦！我只是喜歡運動。

那麼就以這種不服輸的精神來學習物理吧！

好，拜託你了！

🍎 何謂作用力與反作用力？

那麼開始吧！

妳想要知道「作用力與反作用力定律」，對吧？

是的。

沙也加是不是也說過那個詞呀……

在思考球拍與球的例子之前……

我們先實際用身體來感覺一下吧!

用身體?

對,用身體。

用身體⋯⋯?

呵⋯⋯

⋯⋯我、我不是那個意思啦!

找翻

那是⋯⋯直排輪?

總之先穿上這個。

啊?

嘿⋯⋯這樣穿對吧!

剛剛好

咚咚

我也會穿上。

我的體重大約60公斤,

妳的體重大約是⋯⋯

微笑

哈哈⋯⋯

咕哝

⋯⋯40公斤。絕對比我輕盈!

順帶一提，若情況相反，

由我來推妳的話，我們還是會同時向後移動。

是這樣啊？

當妳對我施加力量的同時，

即使我並沒有打算推妳，

我的手還是會擅自對妳施力。

無論妳或我如何向對方施力，

嘿呀

都勢必會接受到對方往反向施加的力量。

喔呀

因此，並無法單獨只讓對方移動，而自己不受影響。

而且，
兩種力量勢必
相等。

這就是「作用力與
反作用力定律」，
即，力必定會成對
產生！

原來如此～

嗯

仔細說來就
像這樣。

某物體（A）對另一物體（B）施力
時，其物體（A）會自物體（B）接
受到大小相等且方向相反的力。

此定律在兩個物
體互相受力下，
永遠成立。

A

B

這就是所謂的
自然界法則吧！

※惠美的想像之2

差不多是這樣。

那麼接下來……

碰

我還是先脫掉
直排輪吧……

你還好吧？

好大的
撞擊聲。

🍎 **力的平衡**

那麼，
整理一下，

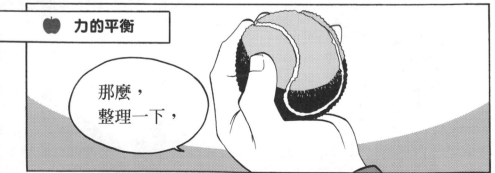

物體在靜止狀態下，作用力與反作用力定律

和「力的平衡（Force Balance）」容易被混淆，請特別注意。

力的平衡……？

那麼，我用圖解來說明對手掌上的球所施加的力。

力不僅有大小，更具有方向性。

像這樣有大小和方向性的量，就稱為「向量（Vector）」。

如圖中箭頭的方向，對吧！

力的方向

表示來自手的力的向量

力的大小

表示重力的向量

力的大小

力的方向

力的平衡及作用力與反作用力定律

我們來想想力的平衡及作用力與反作用力定律的差異吧！

為了更容易理解，我們用兩顆球來做比較！

好的！

關於力的平衡，只需注意施加於球的力。

而關於作用力與反作用力定律，則必須同時注意球和手兩者。

來自手的力

重力

力的平衡

來自手的力

來自球的力

作用力與反作用力定律

力的平衡思考的是施加於一個物體的各個力，

而作用力與反作用力定律則是思考在各別物體上所作用的力。如「球」或「手」。

原來如此。

這就是「力的平衡」及「作用力與反作用力定律」的差別！

放

手握著球就會感覺到重量，對吧！

這代表，球施加於手的力，而手也會對球施力。

這就是作用力與反作用力定律。

確實和力的平衡的概念不同呢！

如果要更清楚，也可以試著這麼做。

急速下降

原先靜止的物體開始移動。
爲什麼會這樣呢？
妳知道嗎？

這……不就只是球隨著下降的手而落下而已嗎？

……嗯？

我的手快速往下降，球也跟著一起下降了，對吧！

這麼說也沒錯……但請試著想想力的大小關係。

力的大小？
嗯……

來自手的力

重力

靜止狀態
（力的平衡）

手向下降後……

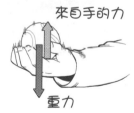

來自手的力

重力

因爲手向下降，

手對球所施加的力突然變小……

吧？

嗯

嗯

一瞬間感覺變輕了。這表示球對手施加的力變小了，對吧？

犯人？

這裡面嗎？

犯人就在

沒錯，正是如此！

手對球施加的力

球對手施加的力

兩邊的力變小

若以「作用力與反作用力定律」，由於兩種力的大小會相等，所以此時手施加於球的力也會變小。

反之，若快速地把球往上提，你會感到球突然變重嗎？

咚

喔

對，會變重～

為了破壞力的平衡使球向上移動，則手必須對球施加大於球上的重力的力。

合力

＝

重力

＋

手施加於球的力

手施加於球的力

重力

球往上提

好適合
好適合

真不好

意思！

如此一來，其反作用力也會變大，因此感覺變重。

手施加於球的力

球施加於手的力

這樣妳應該可以理解球拍和球的問題了吧？

絞盡腦汁

嗯……

這是因為手施加於球的力和球施加於手的力同樣變大所致。

不干妳的事！

暴怒

妳怎麼了？

第9題
試想以網球拍擊球的狀況。球施加在球拍上的力和球拍施加在球上的力，其大小關係為何？

我記得題目是這樣！

雖然球碰到球拍只有一瞬間，但若仔細觀察，在這一瞬間，力的關係是不斷變化的。

回擊時，球拍對球施加的力，因打法和球速不同而有各種變化，對吧！

是呀！

當然，球對球拍施加的力也會改變。但是，

球對球拍施加的力

球拍對球施加的力

碰到球拍瞬間

無論在哪個時刻，兩者的力永遠都是反向且大小相等的。

球對球拍施加的力。

球拍對球施加的力

力最大時

確實，若把時間暫停，那就跟球停在手上的狀態相同！

就是這樣。

作用力與反作用力定律是無論在靜止狀態下，或是運動狀態下，永遠都成立！

原來如此！

謝謝你

終於明白了～

那真是太好了。

對了，

🍎 超距力及作用力與反作用力定律

作用力與反作用力定律是說「兩力勢必成對產生」吧？

嗯、是呀……

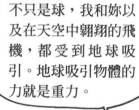

*超距力（Force At Distance）：
不需接觸就能產生的作用力。

具有質量的所有物體都因「萬有引力」而互相吸引著。

球也吸引著地球嗎？

因為「成對」嘛！

不過，球……

由於地球的質量非常大，因此球是無法使地球移動的。

原來如此。

那麼我和你也因為萬有引力而互相吸引嗎？

逼近

oアロ!

認真學習的……妳明明跟我說好要

害羞了吧！害羞了吧！

……萬有引力和彼此吸引的兩物體的質量乘積成正比。

由於人類的質量非常小，因此吸力也微弱到無法感受到。

2. 牛頓運動定律

🍎 **力學為物理的基礎**

……
接下來，

作用力與反作用力定律又稱為「牛頓第三運動定律」。

之所以稱為第三，是因為還有第一和第二嗎？

全部共有三個定律，統稱「牛頓三大運動定律」。

在思考這些定律之前……我想問妳，

嗯？

妳認為物理是什麼樣的一門學問呢？

我以爲是背公式的科目……

嗯——

也許是……「讓人理解運動機制的學問」吧？

滾

滾

說得好！

但聽了你的說明後，我的想法有點改變。

物理絕對不是死背公式的科目！

我認爲是「將自然現象盡可能以最少的定律做說明，

以及用數值加以預測的學問」。

哇！眞有說服力～

而物理學的基礎就是「力學」。

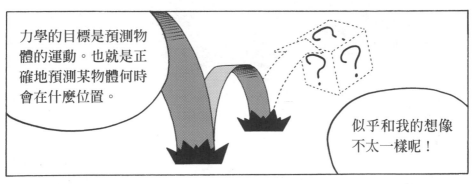

力學的目標是預測物體的運動。也就是正確地預測某物體何時會在什麼位置。

似乎和我的想像不太一樣呢！

拍攝運動中的球，就可以簡單地說明「何時會在什麼位置」呢！

沒錯。

然而，如果要預測接下來要投出的球 1 秒後會在什麼位置時，

我們就必須要知道球是依據何種規則在運動了。

原來如此！

作用力與反作用力定律就是其中之一，對吧？

哇！

而做爲力學基本規則的就是「牛頓三大運動定律」。

已經這麼晚了？！我差不多該回家了！

好！

不過今天眞是太感謝你了，我好像開始對物理感興趣了呢！

下次再教我多一點喔！

沒問題。拜拜！

爲什麼他們會一起從物理教室出來？

咦？惠美和物理宅男野野村？

進階

純量和向量

物理學中，會出現力、質量、速度等各種量（物理量）。物理量可分類為只有大小的量，以及包含了大小及方向的量。而僅具備大小的量，稱為**純量**（Scalars）。質量即為純量的一種。另外，第 4 章中將會學習到的能量以及功也都是純量。

相對地，力不僅具有大小，更具有方向性。關於這點，我們可以從因施力的方向不同，物體的運動方向也會隨之改變看出。這種具備大小及方向的量，稱為**向量**。不僅是力，接下來第 2 章的速度及加速度、第 3 章的動量，都是向量的一種。就算不記得純量和向量這兩個名稱，也請確實記得兩種出現於物理學的量，分別是僅具備大小的量，以及同時具備大小及方向性的量。

向量的基礎

▶向量的表示方法

向量可以用箭頭（有方向性的線）來表示。以箭頭的長度表示向量的大小，以箭頭的方向表示向量的方向。具有相同大小和方向的向量為相等的向量。而且，平移後可完全重疊的箭頭即為相等的向量。

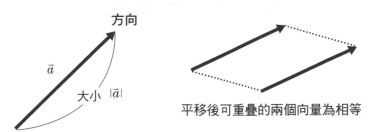

方向

$\vec{a}$

大小 $|\vec{a}|$

平移後可重疊的兩個向量為相等

此外，向量 $\vec{a}$ 的大小（長度）可以用加上絕對值的 $|\vec{a}|$ 來表示，或是單純地以 a 來表示。

▶向量的和

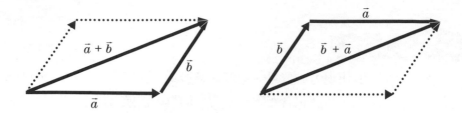

　　兩個向量的和 $\vec{a} + \vec{b}$ ，如同上面的左圖所示， $\vec{a}$ 的前端與 $\vec{b}$ 的後端相接，則可定義出 $\vec{a}$ 的後端與 $\vec{b}$ 的前端相接的向量。由於此向量即為平行四邊形的對角線，因此可得知其顯然等於 $\vec{b} + \vec{a}$ 。因此，以下定律會成立。

　　　　交換律： $\vec{a} + \vec{b} = \vec{b} + \vec{a}$

　　三個以上的向量和，則可重覆使用兩個向量和來求出。

▶具有負號的向量

　　於 $\vec{a}$ 加上負號的 $-\vec{a}$ ，即為加上 $\vec{a}$ 後得 0 的向量。因此，我們可用以下算式來定義：

　　　　$\vec{a} + (-\vec{a}) = 0$

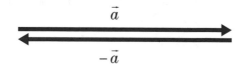

　　由圖形上看來， $-\vec{a}$ 與 $\vec{a}$ 呈現相反方向。

　　此外，右式的 0 為向量的「零」，也就是表示零向量。雖然零向量可表示為 $\vec{0}$ ，但在本書中，將單純地以 0 來表示零向量。

▶兩個向量的差

　　向量的差 $\vec{a} - \vec{b}$，可視爲

$$\vec{a} - \vec{b} = \vec{a} + (-\vec{b})$$

因此如圖所示，可以利用與求向量的和的相同方式來求出。

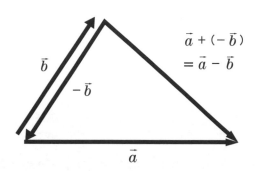

▶向量的純量倍

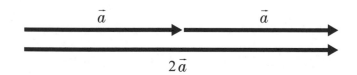

　　使向量 $\vec{a}$ 變爲 2 倍，是指在不改變方向的情況下，長度（大小）變爲 2 倍，以 $2\vec{a}$ 來表示。

　　一般而言，$\vec{a}$ 的 k 倍 $k\vec{a}$ 表示和 $\vec{a}$ 同方向，而長度（大小）爲 k 倍的向量（k 爲任意純量）。

力的平衡及力的向量

　　由施加於球上的力的平衡（P.23）的以下算式：

　　　　施加於球的力的總和＝重力＋來自手的力＝ 0

你會不會覺得「是不是錯把＋當一了？」由於力是向量，因此這個式子完全正確。若將力視為向量，則作用於物體的力的合力為所有作用中的力的總和。

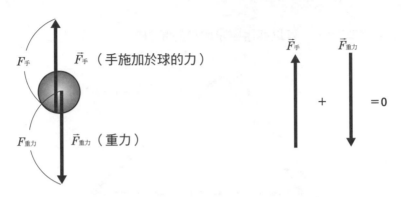

我們來仔細看看，放在手掌中的球所受的力。設手施加於球的力為 $\vec{F}_手$，而設作用於球的重力為 $\vec{F}_{重力}$。如此一來，作用於球上的力的合力可表示為 $\vec{F}_{合力}$。

$$\vec{F}_{合力} = \vec{F}_手 + \vec{F}_{重力}$$

而由於作用於球的力呈現平衡狀態時合力為 0，因此可得，

$$\vec{F}_{合力} = 0 \qquad 即 \qquad \vec{F}_手 + \vec{F}_{重力} = 0$$

由於向量 $\vec{F}_手$ 和 $\vec{F}_{重力}$ 的大小相等，方向相反，因此兩者相加後可得 0。若以文字來表達，則為

手施加於球的力＋作用於球的重力＝ 0

另一方面，若不將力視為向量，而僅思考其大小時，又會變成如何呢？如同 P.37 的解說，力的大小可以 $|\vec{F}_手|$、$|\vec{F}_{重力}|$ 等的絕對值來表示。若進一步將 $|\vec{F}_手| = F_手$、$|\vec{F}_{重力}| = F_{重力}$，則兩力相等時可表示為如下的減法算式。

$$F_手 = F_{重力} \qquad 即 \qquad F_手 - F_{重力} = 0$$

以算式來思考力的平衡時，必須明確區別是向量的算式還是只考慮力的大小的算式。

牛頓三大運動定律

牛頓三大運動定律如下所示。

第一運動定律（慣性定律）
當物體所受合力為零時，靜者恆靜，已經運動者維持等速度直線運動。
第二運動定律（運動方程式）
物體的加速度與外力成正比，與質量成反比。
第三運動定律（作用力與反作用力定律）
對物體施加力量，都會同時受到與該力量大小相等而且方向相反的反作用力。

關於牛頓三大定律，我留待第 2 章再解說。本章在此僅說明與手掌上的球相關細節。

由第一運動定律可得知，施加於**靜止物體**上的力的合力為 0。換句話說，靜止物體上力的平衡可由第一運動定律導出。手掌中的球在靜止狀態下，手對球所施加的力與作用於球的重力，兩者的合力為 0，這可由**第一運動定律**得知。

於本章所學得的**作用力與反作用力定律為第三運動定律**。由此定律可得知，手對球施加的力與球對手施加的力為大小相等、方向相反的力。

作用力與反作用力定律恆成立。即使移動手使球運動時，還是會成立。

此外，由第二運動定律可得知，施加了外力的物體會做加速度運動。若拿著球的手急速下降，則手對球施加的力 $\vec{F}_手$ 便會急速地減少。另一方面，作用於球的重力 $\vec{F}_{重力}$ 卻不會變化。因此，力的平衡一旦崩解，施加於球的合力 $\vec{F}_{合力} = \vec{F}_手 + \vec{F}_{重力}$ 便不再等於 0。若以大小來考量，則

$$F_{合力} = F_{重力} - F_手 > 0$$

上述大小的力，便會向下施加。此時，由第二運動定律可知，由於受

力的物體具有和力成正比的加速度，因此球會加速向下，也就是開始運動。
諸如此類，藉由手的突然下降可使球運動就可以力學來說明。突然將球向
上提時，也可以完全相同的方式來思考。

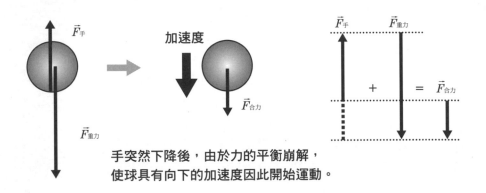

手突然下降後，由於力的平衡崩解，
使球具有向下的加速度因此開始運動。

　　然而，有一點要特別注意。當球以**固定速度**向上、向下時，力的平衡
會成立，且施加於球的力的合力為 0。這可由第一運動定律印證。合力不為
0 的情況，僅限於物體的速度開始改變時，也就是有加速度時。而速度固定
時，由於加速度為 0，因此力（合力）亦為 0，亦即施加的力達到平衡狀態。

　　此外，由靜止狀態至開始運動時，總是有外力施加。這是因為開始運
動是指由速度 0 的狀態變為具有某速度的狀態，因此才稱此為速度改變的
運動，亦即加速度運動。

畫出表示重力的力的向量位置

　　如同上圖所描繪的施加於球的力的向量，$\vec{F}_手$ 和 $\vec{F}_{重力}$ 的起點位置是不同
的。但即使我們可以理解以手對球施加力所接觸的地方作為起點來描繪這
個方法。那麼重力的起點，為何會從球的中心開始呢？其實，由於在基礎
力學中，是把物體當作沒有尺寸大小的點（質點），因此當我們在畫力的
向量的起點時，位置差異是沒有意義的。只是用圖畫表示時，若只以點來
表示則難以理解，因此才以具有大小的物體來表示。

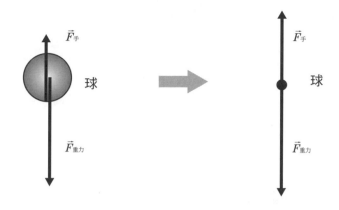

此外，雖然有尺寸的物體也屬力學所討論的範圍，但難度很高。如果要加入探討，則重力被視爲施加在物體的質量中心（重心）上。只要意識到這點，就能在有尺寸的物體的圖上，將重力描繪於物體的重心上。接下來，本書的內文中仍會將物體的圖以上面左圖般，較接近實物的樣態來表示，但仍請記得在力學上是以上面右圖忽略物體尺寸的方式表示的。

挑戰

以算式表示作用力與反作用力定律

若以文字正確地敘述作用力與反作用力定律的話，則會非常冗長如下，

「任何物體對另一物體施力時，都會同時受到來自另一物體一個大小相等且方向相反的反作用力。」

然而若將上述文字所表達的作用力與反作用力定律，以算式表示會如何呢？若將物體 A 對物體 B 所施加的力表示爲 $\vec{F}_{A \to B}$，而物體 B 對物體 A 所施加的力表示爲 $\vec{F}_{B \to A}$，則作用力與反作用力定律，只要以一個簡單的算式表示即可。

$$\vec{F}_{A \to B} = - \vec{F}_{B \to A} \tag{1}$$

實際上，若對式（1）取絕對值後，會形成，

$$| \vec{F}_{A \to B} | = | \vec{F}_{B \to A} |$$

因此可得知作用力與反作用力的大小相等。此外，我們可由負號得知施力的方向是相反的。像這樣，若使用算式來表達物理定律，便可較言語更爲簡潔、正確地表示出定律的內容。

重力及萬有引力

　　所謂狹義的重力是指地球吸引物體的力。而這個力是因萬有引力所產生的。兩個物體之間，具有與其質量的乘積成正比，而與距離的平方成反比的引力在作用著。這裡所說的引力就是牛頓所發現的萬有引力。由於具有質量的所有物體均有互相吸引的力，因而被稱爲「萬有」引力。萬有引力的強度和物質的種類無關，而是由互相吸引的物體的質量及距離來決定。

　　如圖所示，當質量 M 及 m 的兩個物體僅相距 r 時，此兩個物體所互相吸引的萬有引力的大小 F 可表示爲

$$F = G \frac{mM}{r^2} \tag{2}$$

此處的 G 是萬有引力常數。

$$G = 6.67 \times 10^{-11} \quad [\text{N} \cdot \text{m}^2 / \text{kg}^2]$$

*此處的單位牛頓 N 請參考 P.93。

我們已經知道萬有引力也會遵守作用力與反作用力定律，實際上，由於不論是質量 M 的物體吸引質量 m 的物體的萬有引力，或是質量 m 的物體吸引質量 M 的物體的萬有引力，都可套用式（2），因此兩者大小相等。從前頁的圖中可以看出兩者的方向相反，因此滿足作用力與反作用力定律。像這樣，我們也必須注意**兩分離物體的交互作用力也會滿足作用力與反作用力定律**。

　　和電力相比，萬有引力是相當微弱的力。然而，相對於電力依正、負的組合不同，而產生相吸或相斥的力，萬有引力卻恆為引力。因此，宇宙塵（Cosmic Dust）互相吸引而聚集，經長時間後，形成如地球、太陽般的大型星球。這簡直是聚沙成塔，不對，是「聚塵成星」呢！

第2章

力與運動

1. 速度與加速度

等速度直線運動

要了解運動定律，就要先知道什麼是速度以及加速度。

首先來談速度，簡單來說就是「物體以一定的速率直線運動」。

嗯……是指「等速度直線運動」嗎？

沒錯！此時的速率可以這樣求出。

$$速率 = \frac{距離}{時間}$$

哇！這真是太簡單了～

然而，即使速率相同，因前進方向的不同，目的地也會隨之改變。

因此，若將前進的方向也納入考量，把「速率」換成「速度」，「距離」換成「位置的變化」，這樣的公式也會成立。

$$速度 = \frac{位置的變化}{時間}$$

原來如……咦？

等一下！

「速率」和「速度」不同嗎？！

我有問題！

呵呵呵，看來妳有興趣了！

那接下來說明速率和速度的差異吧！

我們可以利用這個來了解！

叭叭叭

叭——

……你還帶真多奇怪的東西上學！

這個是

教材！只是教材而已。

咳咳

還有……這台遙控車是可以電腦程式進行各種動作的產品喔！

哇～高科技產品呀～

它被設定為以每秒50公分，也就是 0.5 m/s 走完一圈正方形。

咚

那就實際讓車子跑跑看吧！

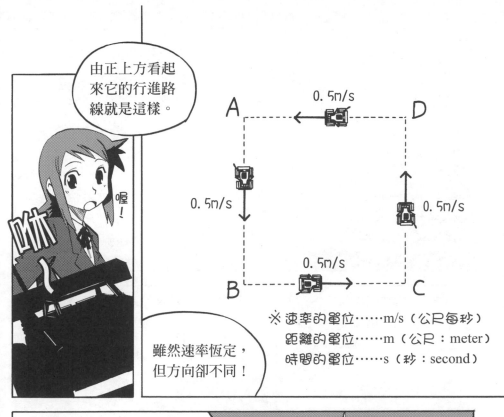

由正上方看起來它的行進路線就是這樣。

喔!

0.5m/s

A   D

0.5m/s

0.5m/s

0.5m/s

B   C

雖然速率恆定，但方向卻不同！

※ 速率的單位……m/s（公尺每秒）
　 距離的單位……m（公尺：meter）
　 時間的單位……s（秒：second）

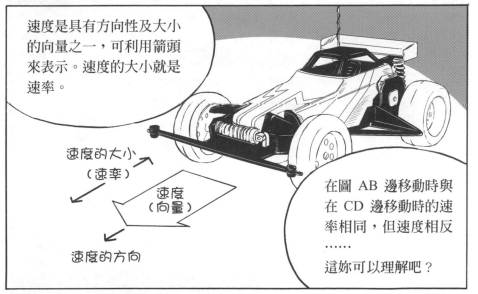

速度是具有方向性及大小的向量之一，可利用箭頭來表示。速度的大小就是速率。

速度的大小
（速率）

速度
（向量）

速度的方向

在圖 AB 邊移動時與在 CD 邊移動時的速率相同，但速度相反……

這妳可以理解吧？

● 等加速度運動

卡嗒 卡嗒 卡嗒

我把程式設定為速度由 0 以穩定的比例加速到 0.5 m/s。

此時,一定時間內的速度變化就稱為「加速度」,可依這個式子求出。

$$加速度 = \frac{速度的變化}{時間}$$

了解。

加速度的單位是公尺每秒平方,寫做 m/s²。也就是 1 秒內(s)速度(m/s)增加多少。

卡嗒

咚

也就是把速度的變化除以時間,對吧!

沒錯。若在速度沒有改變的情況下,由於速度的變化為 0,因此加速度亦為 0。

嗶嗶~

速度增加時，加速度亦為正，但速度減少、變慢時，加速度則為負的。

很想直接說「減速度」，不過，

只把它想成負的加速度＝減速度就行了。

加速度也有可能為負呀？

緩慢—

緩　慢—

尤其是速度以一定的比例變化時的運動，稱為「等加速度運動」。

速度

遙控車的程式設計也是等加速度運動吧！

真令人安心呢！這個龜殼。

快接下去說吧……

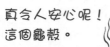

接下來，用公式求出遙控車的加速度吧！

好！又來了！！！

由於遙控車在4秒內，速度由 0 m/s 變化為 0.5 m/s，因此，

公式

$$加速度 = \frac{速度的變化}{時間}$$

嗯

將這個代入公式計算後，

……是 0.125 m/s² 嗎？

沒錯，正確答案。

妳可以回答得更有自信一點呀！

由這個加速度的值，可得知速度每秒會增加 0.125 m/s。

應用此公式也能求出速度不一定時的移動距離。

原來如此～

實驗室

當速度不固定時的前進距離

把遙控車的速度設定在以一定比例由 0 增加至 0.5 m/s。請問若在 4 秒內，速度變為 0.5 m/s 的話，則四驅車前進多少呢？

嗯～一開始是 0，最快時為 0.5 m/s，因此取中間值 0.25 m/s 來計算吧！

0.25 m/s×4s ＝ 1m！

答對了！妳的直覺真是敏銳呢！那麼妳可以說明為什麼可以這樣計算嗎？

啊……不是應該由你來教我嗎！

說的也是……解答前，我先說明當速度固定時，四驅車的前進距離的求法。速率固定時，前進的距離可以「速率×時間」求出。設從開始測量前進距離起，t 秒〔s〕間所前進的距離為 x 公尺〔m〕，若設固定速度為 v〔m/s〕，則表示「距離＝速率×時間」的算式即為

$$x = vt$$

這真是太簡單了！

我把這個做成以，縱軸爲速度、橫軸爲時間的圖形。

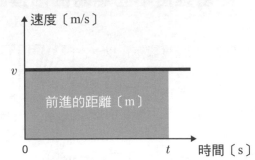

圖的面積表示前進的距離。而且，由於這個圖形是速度（Velocity）和時間（Time）的關係圖，因此俗稱爲「v-t圖形」。是一個長爲t，高爲v的長方形面積。

 原來如此。不過用面積來表示距離總覺得有點怪怪的。

 這裡的面積並不是指一般幾何圖形的面積。一般的長方形面積的單位爲平方公尺〔m²〕，代表長〔m〕×寬〔m〕，但現在的橫軸的單位是時間〔s〕（秒）、縱軸的單位是速度〔m/s〕，兩者相乘後的單位爲〔s〕×〔m/s〕＝〔m〕，也就是長度的單位。

 雖然以固定速率前進時的距離，可簡單地求出。但速率有變化時又該怎麼做呢？

 我們只能使用這個公式，

距離＝速率×時間

接著，我們將時間區分為較短的區塊，做出大量的「小長方形」，並把這個時間的速度視為固定，然後來計算距離吧！

這是什麼意思呢？

做成圖形就如下面左圖所示。

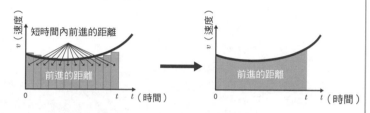

只要各別求出區分後的細長方形面積，加總後即可得知前進的距離。

突出的部分和空隙怎麼辦？這樣不會產生誤差嗎？

是的。那就再把長方形切得更細吧！把長方形切得愈細，最後就可以得到如同上面右圖般沒有空隙的圖形，如此即可正確地求出距離。

是這樣沒錯。

只要切得無限細，應該可完全求出前進的距離。結果，將「距離＝速率×時間」切分為短時間來使用的極限，就可得出 v-t 圖形的面積。因此，若可求出面積，即可求出前進的距離。總而言之，

前進的距離＝ v-t 圖形的面積。

我們就剛剛所說的內容，來想想看為何妳以直覺猜測的距離是對的。

好的。

其實妳的計算方式，也就是計算速度和時間的圖形的面積。若將遙控車的例子以圖形表示就會變這樣。

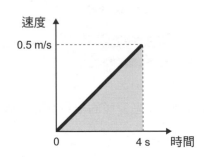

圖形的面積，以三角形的面積公式，可得

$$\frac{1}{2} \times 底（時間）\times 高（速度）= \frac{1}{2} \times 4 \times 0.5 = 1。$$

這就是前進的距離。

剛好是 1 呢！

我們試著不以特定的數字，而是用通用的算式來表示前進的距離吧！將速度設為 v，時間為 t，加速度為 a，則等加速度運動時的速度和時間的關係即可表示如下。

$$v = at$$

若將此以 v-t 圖形來表示，就會變成這樣。

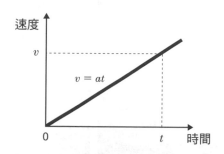

在此，若設在時間 t 內所前進的距離為 x，由於 x 的值為底邊為 t，高為 at 的三角形面積，因此可得知

$$x = \frac{1}{2}at^2$$

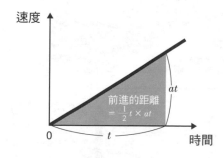

 嗯……若代入遙控車的例子，則為 $\frac{1}{2} \times 0.125 \times 4^2$……答案剛好為 1 呢！

 如此一來，妳也可以不憑直覺，而確實地計算出等加速度運動時，物體所前進的距離了！

2. 運動定律

🍎 **慣性定律**

這次來想想物體的運動吧！

呀一

首先，靜止的狀態……

也就是

力為「0」的情況。

零！

擋住

即使說力為 0，但請注意，實際上是指施加於物體上的各種力互相抵消而變為 0。

之前提過的球的例子就是這樣吧？

來自手的力

重力

將施加於物體所有的力視為向量，而所有力加總後的力，即「合力（Resultant Force）」為 0。

事實上，根據牛頓第一運動定律「靜止的物體，合力為0」。

原來如此！

雖然可以使用某一裝置來確認張力和重力相等，但若使用此定律，則可得知施加於靜止物體上的合力為0。

……關於第一運動定律，我之後還會解說。

原來如此～

那麼，即使不是垂吊的狀態，合力還是為0嗎？

那麼，我就來說說這個吧！

來實際拉拉鉛墜上的繩子吧！

拉

嘿！

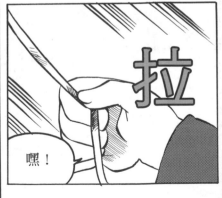

62

拉緊

靜止在這樣的狀態下，

合力應為0。

也就是「重力」和「手的拉力」兩者相加吧！

若細看力的關係，鉛墜的重力為垂直方向，而手的力是由水平方向施加的。

天花板

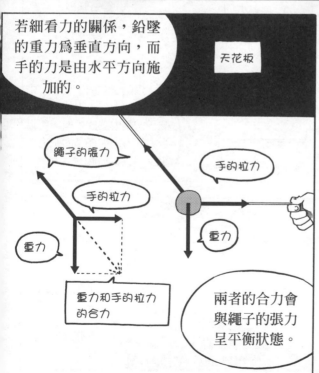

繩子的張力

手的拉力

手的拉力

重力

重力和手的拉力的合力

手的拉力

重力

兩者的合力會與繩子的張力呈平衡狀態。

向量的加法是以「平行四邊形定律」來計算。

鏘——

平行四邊形？

做成圖形來看看吧！

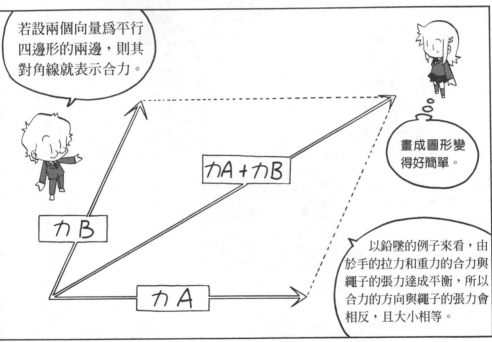

若設兩個向量為平行四邊形的兩邊，則其對角線就表示合力。

畫成圖形變得好簡單。

力A＋力B

力B

力A

以鉛墜的例子來看，由於手的拉力和重力的合力與繩子的張力達成平衡，所以合力的方向與繩子的張力會相反，且大小相等。

所以合力的作用方向就是從天花板到鉛墜的繩子的角度對吧！

哇～

嘿

正是如此！

無論施加了多少力，只要物體為靜止狀態，

則合力就為「0」。

剛剛好　剛剛好

這是誰呀？

有點復雜。

此外，有時，即使力為0，物體還是會移動。

咦？！

噠　噠

噠　噠

噠

噠

什麼呀？！

例如，外太空。

咬牙切齒

外太空？

妳有看過太空船內的影像嗎？

有呀！有好多東西飄浮著。

在所謂的無重力空間裡，移動的物體永遠以相同速度前進。

這麼說來，有可能喔！

一般而言，運動中的物體上會有「摩擦力（Frictional Force）」，因此只要不持續施加力，物體終究會停止。

喀

喀

喀

喀

喀

哇

但是，像外太空這種無重力的地方，卻能實現力為0的狀態。

原來如此，此時，即使不施加力，運動仍能持續！

是的！

後面那個人沒問題吧！

持續以直線、等速率的運動，也就是「等速度直線運動」會在合力為0時發生。

揮手

看來他要回家了！

嗯……

順道一提，這就是之前說過的牛頓第一運動定律的另一個特徵。

哇～

啪

若將「力為 0」視為「沒有作用力」……

這就稱為「第一運動定律」或是「慣性定律（The Law of Inertia）」。

若物體不受外力作用或所受外力的合力和為零時，則物體會保持靜止或是持續作等速度直線運動。

而物體持續等速度直線運動的性質，就稱為慣性。

哇!

我有聽過「慣性定律」！

就是牛頓第一運動定律（Newton's First Law of Motion）嘛！

YEAH——！

沒錯。

運動方程式 $ma=F$

妳是騎腳踏車上學的吧？

早安！

早安！

是—呀—
因為學校離我家有點遠……

接下來，我們來談談「有力作用時的運動」吧！

我們都知道靜止的腳踏車是藉由踩動踏板而前進的吧！

踩

若從速度面來想，則是透過施加力的動作來讓靜止的狀態轉變為具有速度的狀態……

也就是說，改變速度。再換句話說，藉由施加力而產生了加速度。

原來如此！

而且施加的力越大，加速度就變得越大。

快遲到了！快遲到了！

很容易理解～

反之，若要讓腳踏車停止，就必須按剎車，施加與速度方向相反的力。

這就是藉由產生和速度逆向的加速度（負的加速度），來使得速度減慢，最後停止的原理。

糟糕了！

這麼說來，剎車並非是設法減少加速度，而是反過來產生負的加速度。

由此可知，力與加速度成正比。

早安。

早安～

原來如此。

沈　　　　重

現在把焦點放在重量上吧！

好大？！好重？！

在腳踏車上放上重物後，我們就必須用較大的力量踩踏板，

喔喔喔喔

喔喔喔

喔喔

滾動　滾動

這是因為加速變得較困難的關係。

滿一頭一大一汗一

呼一呼一

由此可知，重量和加速度成反比。

若將重量換為「質量」，則質量和加速度就會成反比。

重量和質量的差別是什麼？

簡單來說，物質的重量是指作用於物體的重力的大小。

因此，物質在地球和在月球的重量是不同的。

那麼質量呢？

70

在無重力空間裡，重量會變爲0，

但使物體移動仍需要力。

什麼？

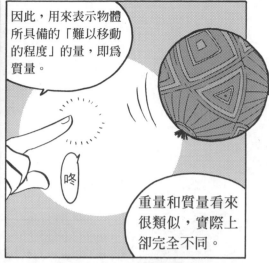

因此，用來表示物體所具備的「難以移動的程度」的量，即爲質量。

咚

重量和質量看來很類似，實際上卻完全不同。

把剛剛說的整理一下！

啪

哇！

物體的加速度和力成正比，和質量成反比。

這就是「牛頓第二運動定律（Newton's Second Law of Motionm）」。

原來如此！

你該不會很喜歡這身裝扮吧？

是的。

那麼，試著將剛才的定義用算式來表示吧！

算式？

將「加速度（acceleration）」表示爲 a、「力（force）」爲 F、「質量（mass）」爲 m，

$$a = \frac{F}{m}$$

就能列出這個公式。

由這個式子可得知，若力 F 變爲 2 倍，則加速度 a 也會變爲 2 倍；若質量 m 變爲 2 倍，則加速度 a 會變爲原來的二分之一。

$$2^a = \frac{2^F}{1_m}$$

$$1^a = \frac{1^F}{1_m}$$

$$\frac{1}{2}^a = \frac{1^F}{2_m}$$

有了算式，就變得很有物理的感覺。

卡恰
卡恰

把算式
變形，

也可以表示
成這樣。

$ma = F$

嗯⋯⋯那麼

用中文來說的
話，就是

質量×加速度＝力

吧！

是的。

這是「運動方程式」，
用算式來表示的話，比
文字敘述更能簡潔且正
確地表現出此定律的特
徵。

不過～質量和加
速度相乘後變成
力，還眞是難以
想像⋯⋯

確實難以轉換為現實的意象。

噗

對吧！

雖然我們常在不知不覺中使用「力」這個單字，

但為了正確地定義物理上的力，則必須要有「力＝質量×加速度」這個公式。

你是說，「質量×加速度」的值就是正確的力的值嗎？

沒錯。

同樣地，質量也可以用「$質量 = \dfrac{力}{加速度}$」來求出。

嘩-----

嗚嗚嗚～

來看看實際的例子吧！

好—

以計算來求出正確的力的值

 上次，我們曾穿著直排輪鞋來互推吧！我把當時的影像錄下來了。

 什麼時候錄的……?!

 只是假設。

 原～來如此。不要嚇我嘛！那麼，這和今天要談的內容有什麼關係嗎？

 我用電腦分析那段影像後，我試著把它做成時間和速度的圖形。

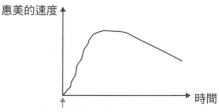

 由上圖可知，從靜止狀態到速度突然提昇，而後再慢慢地下降耶。但是，速度增加的比例看來並非固定？

 在這種情況下，我試著拉一條表示平均速度的直線吧！

將時間切分為一定的區塊，並將時間區塊內的運動視為等加速度直線運動。

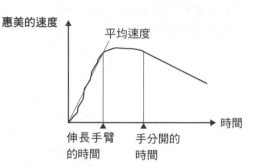

惠美的速度

平均速度

時間

伸長手臂的時間　　手分開的時間

 原來如此……。

 若為等加速度直線運動，則可利用加速度 $= \dfrac{速度的變化}{時間}$ 來求出加速度。此外，假設我用手推妳而產生的加速度為 0.6m/s²。若再乘上妳的質量 40 公斤後，則

力＝質量×加速度＝ $40 \times 0.6 = 24$ 〔kg·m/s²〕＝ 24 〔N〕

因此可得知我施加於妳的力為 24N。在此，1N（牛頓）為力的單位，1〔N〕＝ 1〔kg·m/s²〕。

 如此一來就能求出正確的力的值了呢！

 由此可知，這個力可藉由該力使物體產生的加速度及物體的質量來測得。這個方法也可用於測定其他的力喔！

🍎 **拋物運動**

我們已經看過力的定義了……

接著就來看看力的方向！

力的方向？

是的。
也就是投出球後，施加於這顆球上的力的方向。

請畫出當球位於圖中 A、B、C 三個位置時，施加於球的力的方向。

另外，請忽略空氣的影響。

B
0.4 秒後的位置

A
0.2 秒後的位置

C
0.6 秒後的位置

投出的方向

嗯……
由於有力在作用，所以球才會飛出去……

畫圈圈
畫圈圈

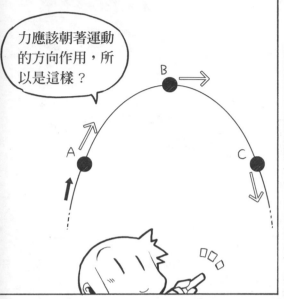

力應該朝著運動的方向作用，所以是這樣？

啊……妳果然這樣說了。

冒冷汗

咦、我怎麼覺得說錯了？

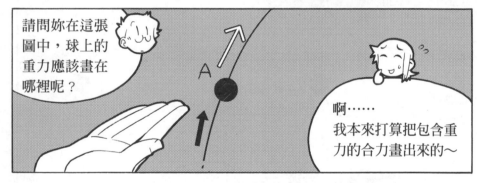

請問妳在這張圖中，球上的重力應該畫在哪裡呢？

啊……我本來打算把包含重力的合力畫出來的～

那麼在A點有個重力以外的力施加於斜上方，那麼這個力是從哪裡來的呢？

那不是手對球施加的力嗎？

78

那是最大的誤解！

啊

嗶鏘

哇！

球從離開手的瞬間，手便不再對球施力。

哇 哇

這〇〇是想像

你擅長運動呀……你明明說過你不

咦？那麼施加於球的力是什麼呢？

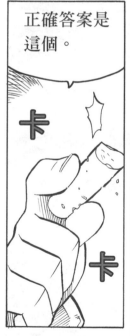

正確答案是這個。

卡

卡

咦……只有重力嗎？！

B
↓重力

A ↓重力

投出的方向 ↑

C
↓重力

沒錯。因此大小和方向都是相同的。

驚訝！

可是球是呈曲線飛出去的吧？

速度的方向呀～

不可以以為在運動的方向有施加力喔！

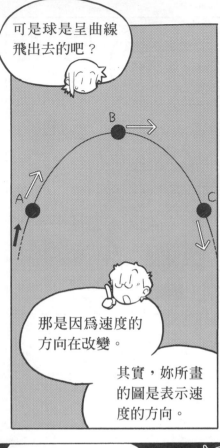

那是因為速度的方向在改變。

其實，妳所畫的圖是表示速度的方向。

使運動中的物體停止的力和運動方向（即速度方向）是相反的，對吧？

對～沒錯！

速度的方向和力的方向通常是不一致的。

相對於此，

力的方向和加速度的方向卻總是一致。

重要

咦？
你說，

我把向量都畫得大小相同，

但若要表示速度的話，大小就必須有所差異。

妳發現重要關鍵囉！

若觀察球的運動，會發現

碰

球向上時，速度會漸漸變慢，

一旦開始落下後，速度又會變快！

確實如此！

為了找出速度的變化，就要考慮加速度。

而球是因重力的作用而產生加速度的，

也就是物體由上往下落下時的加速度，對吧！

碰

這就是「**重力加速度**」，以「g」來表示。而且重力加速度大約為9.8m/s²。

這是固定的嗎？

也就是說，因重力所產生的加速度和物體

的質量無關，總是以約 9.8m/s²的速度向下加速的。

喔！

這是實際測量物體落下時的加速度後，所得出的這個恆為9.8m/s²的值。

卡 卡

若把焦點放在因加速度所產生的速度變化，所畫出的向量會變成這樣。

加油～

卡

卡

0.4 秒後的速度

0.1 秒內速度的變化

0.3秒後的速度

0.5 秒後的速度

0.5 秒後的速度

0.1 秒內速度的變化

0.2秒後的速度

0.3 秒後的速度

0.6 秒後的速度

0.7 秒後的速度

0.1 秒內速度的變化

速度變化的方向和力的方向相等

由於加速度為速度變化的比率，因此球速變化勢必恆為向下。

卡

哇

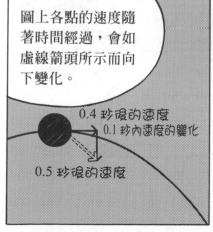

圖上各點的速度隨著時間經過，會如虛線箭頭所示而向下變化。

0.4 秒後的速度

0.1 秒內速度的變化

0.5 秒後的速度

因此向上時速度會變慢，而向下時反而變快，對吧！

咻

丟

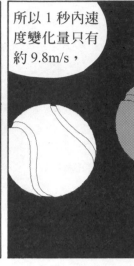

所以 1 秒內速度變化量只有約 9.8m/s，

而 0.1 秒內速度變化量也只有約 0.98m/s。

由於重力加速度約為 9.8m/s^2，

速度會向下變化。

接

力的方向和運動方向真的不同呢！

我還以為如果沒有力的作用球就不會飛出去呢！

雖然要使靜止的物體開始運動是需要力的，但一旦開始運動後，就會以慣性定律在運動。

如果重力沒有作用的話，投出去的球就會因慣性定律而筆直地飛出去。

原來如此～

那麼，妳大概可以了解

在日常生活中所使用的「力」，和物理所指的「力」的差別了嗎？

多虧你的解說，我大致了解了！

到此為止我已經把牛頓三大運動定律——慣性定律・運動方程式・作用力與反作用力定律的基本都說完了！

太棒了～

你的教法真是清楚易懂！

那真是太好了。

如果說力學是由剛剛的三大定律所構成，可真是一點也不為過。

哇～這麼說來那可是了不起的定律呢！

接下來我打算跟妳說說動量。

就按照這個步調一起加油吧！

哈哈哈，好！

今天也這麼晚呀～

那兩個人……

……都在物理教室讀書嗎？

真可疑啊……

等加速度運動的三個公式

接著來思考，在一直線上前進的物體的等加速度運動吧！若設物體在時刻 0 時的速度為 v_0，在時刻 t 時的速度為 v，此外，在時間 t 內所前進的距離為 x，物體的加速度為 a，則下列的三個公式會成立。

$$v = at + v_0 \tag{1}$$

$$x = v_0 t + \frac{1}{2}at^2 \tag{2}$$

$$v^2 - v_0^2 = 2ax \tag{3}$$

接著來說明這些公式是如何導出的。首先是速度的式（1）。加速度為固定時，則

速度的變化＝加速度×時間

會成立。由於速度的變化為 $v - v_0$，加速度為 a，時間為 t，因此「速度的變化＝加速度×時間」的關係式，會變成

$$v - v_0 = at$$

即可導出式（1）。

接著，來導出位置的式（2）。我們在 P.57 學過，前進的距離可以 $v-t$ 圖形的面積表示。由速度的式（1），$v-t$ 圖形會如下圖所示。

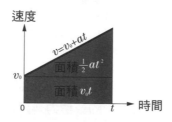

※嚴格來說，x 不是「距離」而是「位置的變化」。$x < 0$ 時，前進的距離以 $|x|$ 表示。

接著由此 $v-t$ 圖形的面積來求出前進的距離吧！由 $v-t$ 圖形下方的長方形部分的面積 v_0t，以及上方的三角形部分的面積 $\frac{1}{2}at^2$（也可只求梯形面積），可得知，

$$x = v_0t + \frac{1}{2}at^2$$

此外，式（3）只要將式（1）和式（2）的 t 消去即可得出。實際上，由式（1）可得 $t = \dfrac{v-v_0}{a}$，將此代入式（2），即可計算出，

$$x = v_0\left(\frac{v-v_0}{a}\right) + \frac{1}{2}a\left(\frac{v-v_0}{a}\right)^2$$

$$= \frac{(2v_0v - 2v_0^2) + (v^2 - 2v_0v + v_0^2)}{2a}$$

$$= \frac{v^2 - v_0^2}{2a}$$

兩邊同時乘以 $2a$，則可得出式（3）。

平行四邊形定律

由於力為向量，因此我們必須依照第 1 章曾說明的向量規則來做計算。關於一直線上的力的合力已於第 1 章詳細說明過。因此不在一直線上的合力，可利用平行四邊形定律（P.64）來求出。

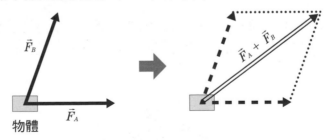

如同上圖，假設對物體施加兩個力 $\vec{F}_A$ 和 $\vec{F}_B$。此時，物體將如上面右圖所示，是接收到以雙重箭頭所示的一個力。這個箭頭是表示實際上兩力所施加的合力 $\vec{F}_A + \vec{F}_B$。合力的大小和方向依第 1 章所說明的向量加法

（P. 38）來決定。下面右圖便清楚地表示其狀態。下面右圖中的 $\vec{F}_A + \vec{F}_B$，恰為如左圖的兩個向量，而由於 $\vec{F}_A$、$\vec{F}_B$ 為平行四邊形兩邊的對角線，因此平行四邊形定律成立。

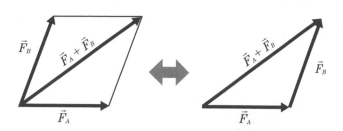

上面所說的狀況在任何力的任意兩個向量的合成（加法）都會成立。換句話說，兩個向量的合成，是依平行四邊形定律來求出的。

另外，我們可以說，即使是在一直線上的兩個向量的合成，可以視為將平行四邊形壓扁到極限，所以還是遵從平行四邊形定律。另外，三個以上的力的合力，也可重覆使用平行四邊形定律來求出。

力的合成及分解

由於力為向量，因此可使用向量和的規則來相加。這就稱為**力的合成**。相反的，有時為了容易解題，也可將一個力的向量，分為兩個以上來思考。這就稱為**力的分解**。

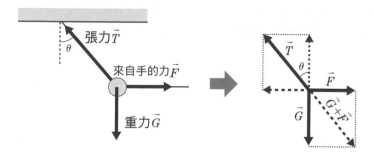

讓我們再進一步思考，以水平方向拉扯由天花板垂吊的鉛墜時的力的平衡（P. 63）。如同上面右圖，假設重力、水平的拉力、繩子的張力分別

為 $\vec{G}$、$\vec{F}$、$\vec{T}$。由於鉛墜為靜止狀態，因此三個力達到平衡。因此，若對這三個力做向量的加法，則會得到 0。

$$\vec{G} + \vec{F} + \vec{T} = 0$$

移項後，可得，

$$\vec{G} + \vec{F} = - \vec{T}$$

但這個式子表示的是，重力 $\vec{G}$ 和水平拉力 $\vec{F}$ 所合成的向量 $\vec{G} + \vec{F}$，和張力 $\vec{T}$ 大小相同、方向相反。（請參考前頁右圖）

另一方面，若要不使用向量，只使用力的大小又該如何表示力的平衡呢？設重力的大小為 $|\vec{G}| = G$，水平拉力的大小為 $|\vec{F}| = F$，張力的大小為 $|\vec{T}| = T$，繩子與鉛直方向所夾的角度為 θ，

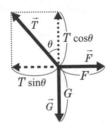

由水平方向的力的平衡，可得

$$F = T \sin \theta$$

由垂直方向的力的平衡，可得

$$G = T \cos \theta$$

將此兩式的 T 消去後，可得

$$\tan \theta = \frac{F}{G}，亦即 \ F = G \tan \theta$$

像這樣，只要知道重力的大小 G，和繩子的角度 θ，即可求出水平拉扯鉛墜的力的大小 F。

沒有力作用的狀態及牛頓第一運動定律

所謂的牛頓第一運動定律，是指「沒有力作用的物體，保持靜止狀態或持續作等速度直線運動」。此處的「沒有力作用」的說法，必須以合力的意義來思考。無論施加多少種力，只要向量相加為 0 時，都是「沒有力作用」的情況。若在無重力狀態的宇宙中有個物體，且無施加任何外力於該物體上，則該物體將永遠靜止狀態或持續作等速度直線運動。另一方面，放在桌上的靜止物體則受到重力作用。但也因為同時受到來自桌子的垂直抗力，使得合力為 0 而呈現靜止狀態。

第二運動定律是描述了被施加了力的物體的運動是如何變化的，然而，為了正確地思考施加力的狀況，首先，必須明確了解未施力的狀態是何種狀態。而第一運動定律就是表示這種狀態的定律。

有力作用的狀態及牛頓第二運動定律

對某物體施加力後，該物體會以和力成正比的加速度來運動。由於力和加速度為向量，因此這就是兩向量之間的關係。假設對物體施加的力的向量為 $\vec{F}$，物體加速度的向量為 $\vec{a}$，物體的質量為 m，則第二運動定律（運動方程式）可表示為

$$m\vec{a} = \vec{F}$$

質量為只有大小的量，也就是純量。請特別注意加速度和力的方向。依據第一運動定律，只要不施加外力，物體就只會保持直線運動。所以為了改變物體的運動方向就必須施加外力。運動方程式即告訴我們物體的方向會因力的不同，而產生的變化。

因此，像 P.51 畫出了四邊形的軌道的遙控車，由於在直線前進時為等速度直線運動，因此力（合力）為 0，然而，於轉角處，即使時間很短，實際上勢必有不為 0 的力在作用著（汽車的情況下，是依輪胎的方向所產生的力），而且是加速度運動。若沒有這個加速度，則速度的方向是不可能轉變的。

此外，P.68 的腳踏車，是為了讓大家從生活週遭的例子來理解「加速度的大小和力的大小成正比，與質量成反比」，但實際上，力的方向和加速度的方向之間的關係非常複雜。腳踏車經由踩踏板的回轉運動，經過齒輪、絞鍊，使輪胎作回轉運動，再利用輪胎和地面的摩擦力前進，這是由一連串如此複雜的力與運動的變換而來的。

速度・加速度・力的方向

依據第二運動定律，**加速度的方向必定與力的方向一致**。另一方面，速度的方向和力與加速度的方向並沒有直接對應關係。由加速度和速度的關係（P.52）可得，

速度的變化＝加速度×時間

換句話說，速度的變化的方向和加速度的方向是一致的。

讓我們以具體的例子來思考看看。假設現有某一以固定速度 $\vec{v}$ 運動的物體。若不施加任何外力，則根據第一運動定律，該物體會以速度 $\vec{v}$ 作等速度直線運動。若於短時間 T 內對物體施以垂直方向的力，那麼速度會如何變化呢？我把因此力而產生的加速度設為 $\vec{a}$，施力後的速度設為 $\vec{v}'$，則根據上式，施加力後的速度可表示如下。

$$\vec{v}' - \vec{v} = \vec{a}\,T \quad 亦即 \quad \vec{v}' = \vec{v} + \vec{a}\,T$$

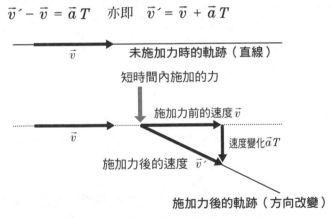

$\vec{v}$　未施加力時的軌跡（直線）

短時間內施加的力

施加力前的速度 $\vec{v}$

$\vec{v}$

速度變化 $\vec{a}\,T$

施加力後的速度　$\vec{v}'$

施加力後的軌跡（方向改變）

就像這樣，力會改變物體的運動方向。此外，速度的方向代表運動方向。

於 P.77 曾提到的投球一節中，重力是會持續施加於球上的。由於重力是鉛直向下且固定的，因此速度變化也恆為鉛直向下。換句話說，球的速度往水平方向是固定的，只有垂直方向會以一定的比例向下變化（參照下頁右圖）。由於軌跡是依不斷變化的速度方向所連繫而成，因此如圖所示會形成拋物線。

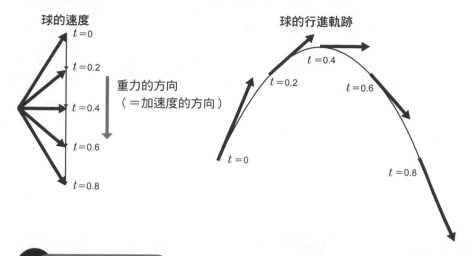

球的速度

$t=0$

$t=0.2$

$t=0.4$

$t=0.6$

$t=0.8$

重力的方向
（＝加速度的方向）

球的行進軌跡

$t=0.4$

$t=0.2$

$t=0.6$

$t=0$

$t=0.8$

物體不具有力

　　未學過力學的人很容易誤以為「運動中的物體具有力」。這點當然是錯誤的。就如同第 1 章所學的，力為成對產生且互相作用，運動中的物體並不具有使自己自發運動的力。

　　舉例來說，請思考往上投球的情況。球到離開手的瞬間之前會持續受到來自手的力（雖然手也會接受到來自球的反作用力，但這和球的運動沒有關係）。然而，離開手後的球，只會受到來自地球的重力。不可誤認為球離開手後仍殘留來自手的力。

力的單位 N（牛頓）

　　力的單位，由運動方程式決定。

　　力＝質量×加速度

由上述關係式，由於質量的單位為〔kg〕，加速度的單位為〔m/s²〕，因此

　　力的單位＝質量的單位〔kg〕×加速度的單位〔m/s²〕 ＝〔kg・m/s²〕

由於力為物理中非常重要的量，因此引用下頁的單位**牛頓**來表示力。

$$1 〔N〕 \quad (1\ 牛頓) = 1 〔kg \cdot m/s^2〕$$

單位名當然是以建構出力學基礎的物理學者牛頓所命名的。所謂 1N的力，相當於使質量 1kg的物體加速 $1m/s^2$ 所必須的力。

挑戰

如何決定質量與力？

　　到底物體的質量是如何決定的呢？如衆所皆知的，物體的質量可利用天秤等工具來測定，天秤就是應用了施加於物體上的重力和質量成正比的經驗事實。所以，藉由利用重力所測定出的質量就稱爲**重力質量**（Gravitational Mass）。由於我們在測定物體的質量時，通常使用利用重力的秤，因此其實是測量重力質量。

　　另一方面，從運動方程式可知，質量爲表示物體加速難易度的量，和重力並無直接關係。一般將出現在運動方程式中的質量（質量＝力÷加速度）稱爲**慣性質量**（Inertial Mass）。

　　慣性質量理論上是可藉由結合運動方程式和作用力與反作用力定律測定的。首先，我們要準備一個做爲質量大小基準的物體（稱爲基準物體）。接下來，使欲測定質量的物體（稱爲測定物體）和基準物體，在沒有外力作用下，藉由互相碰撞等方式，使兩個物體的力互相作用。此時，基準物體和測定物體間互相作用的力會符合作用力與反作用力定律，因此由兩者的運動方程式消去力以後，可得以下關係式。

基準物體的質量×基準物體的加速度大小
＝測定物體的質量×測定物體的加速度大小

假設基準物體的質量爲 1，則可得，

$$測定物體的質量 = \frac{基準物體的加速度大小}{測定物體的加速度大小}$$

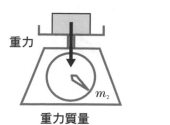

重力

重力質量

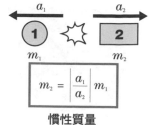

$$m_2 = \left| \frac{a_1}{a_2} \right| m_1$$

慣性質量

　　而物體的加速度可藉由測定物體前進的距離及時間來實驗求出，因此透過測得這些數值，即可求出測定物體的慣性質量。

　　雖然可藉由實驗得知慣性質量與重力質量相等，但其原理在牛頓力學的範圍裡仍然是個謎。愛因斯坦以**慣性質量＝重力質量**的關係作爲基本原理而建構出重力理論（廣義相對論，General Theory Of Relativity）。由於愛因斯坦的這個重力理論相當成功，因此可說慣性質量等於重力質量這個基本原理亦獲得了印證。現今，慣性質量等於重力質量已可透過高精密度的實驗來確認。

　　只要確立決定質量的方法，那麼下次就可如同 P.75 般決定力。換句話說，我們可以對已決定質量的物體，施加想要測定的力。由於該力會使物體產生加速度，所以可測定該加速度。將這些值代入下式，

　　　　質量×加速度＝力

即可決定力的值。

重力的大小

　　質量 m 的物體由地球所接受到的重力大小可表示爲，

　　　　$F = mg$

　　在這裡，g 爲重力加速度的大小，在地表附近大約爲 $g = 9.8 \text{m/s}^2$。以下將爲大家說明，如何由萬有引力的式子導出這個式子。

　　如同下頁圖示，請思考一下地球和位於距地表高度 h 的質量 m 的物體之間，所作用的萬有引力。

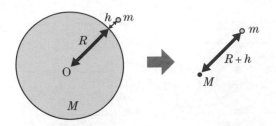

假設地球爲一半徑爲 R、質量爲 M 而密度爲固定的球，則可證明，地球全體對地表外側所造成的重力，與一個所有質量聚集在地球中心的質量 M 的點所造成的重力是相同的。因此，地球對物體所作用的重力大小爲，

$$F = G\frac{Mm}{(R+h)^2}$$

尤其，在地表附近（$h = 0$），物體所承受的重力爲，

$$F = G\frac{Mm}{R^2}$$

在此，設

$$G\frac{M}{R^2} = g$$

則可表示爲，

$$F = m\left(G\frac{M}{R^2}\right) = mg$$

地球的半徑約爲 6.38×10^6m，地球的質量約爲 5.98×10^{24}kg，若利用這些數值來計算 g，則

$$g = G\frac{M}{R^2} = 6.67 \times 10^{-11} \times \frac{5.98 \times 10^{24}}{(6.38 \times 10^6)^2} \fallingdotseq 9.8 \ [\text{m/s}^2]$$

這就是重力加速度的值。嚴格來說，由於地球並非密度固定的球體，因此在地表的重力加速度會依場所不同產生些微差異。即使如此，只要在小數後一位取近似值，仍可得到約爲 9.8 m/s² 的數值。

然而，在太空梭繞所行地球的高度上，重力加速度的大小會如何變化呢？太空梭距地表的高度約爲 300～500 公里。因此，若設 $h = $ 500km，則 $R + h = 6.38 \times 10^6 + 0.5 \times 10^6 = 6.88 \times 10^6$ m。利用這個數值求 g，則可得，

$$g = G\frac{M}{(R+h)^2} = 6.67 \times 10^{-11} \times \frac{5.98 \times 10^{24}}{(6.88 \times 10^6)^2} \fallingdotseq 8.4 \ [\mathrm{m/s^2}]$$

也就是說，太空梭與地表相比爲 8.4/9.8 ＝ 0.86，這表示太空梭只會受到約
86%左右的重力。太空梭的飛行高度約爲地球半徑的 1/10 左右，理所當然
地，它仍受地球強烈地重力影響。

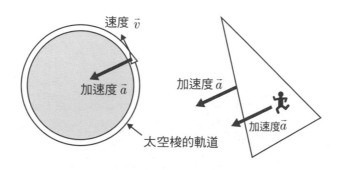

那麼，爲何太空梭內部中會形成無重力空間呢？那是因爲太空梭受地
球的重力所牽引，而恆爲「落下」的狀態。愛因斯坦認爲「因鋼索斷裂而
下墜的電梯中的人，自己應該會感覺是處於無重力空間的」，而太空梭也
如同鋼索斷掉的電梯一般，因萬有引力作用而具有朝地球中心的加速度。
只是，它並非垂直向下前進，而是以垂直重力方向且保持速度的方式落下，
因此它的軌道才會呈現圓形（一般是橢圓軌道）地繞行地球外圍。不僅是
太空梭本身，連同太空人的所有太空梭內的物體，都會以同樣的重力加速
度「落下」，因此形成了無重力空間。

拋物運動

曾於 P.83 探討過拋物運動。在此，我們利用算式來驗證拋物運動。
如同下頁圖示，設水平方向爲 x、垂直方向爲 y、球的質量爲 m。對
球施加的重力爲沿 y 方向向下，大小爲 mg 的力。若將此以向量的分量來
表示，則形成 $\vec{F} = (0, -mg)$。而若加速度亦可以分量表示爲 $\vec{a} = (a_x, a_y)$，
則運動方程式 $m\vec{a} = \vec{F}$ 可分爲 x 分量和 y 分量，可表示成下頁所示。

$$ma_x = 0$$
$$ma_y = -mg$$

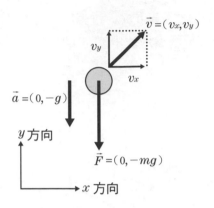

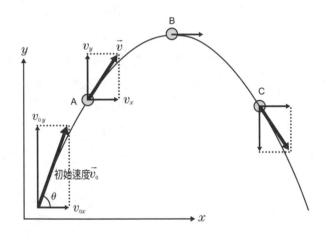

由上式可知，

x 方向的加速度：$a_x = 0$,

y 方向的加速度：$a_y = -g$

　　亦即，x 方向為等速度直線運動，而 y 方向為等加速度運動。若加速度為已知，則可求出速度。假設最初拋出的時刻為 $t = 0$，而拋出後的速度

為 $\vec{v}_0 = (v_{0x}, v_{0y})$，則依據式（1）可知，

$$v_x = v_{0x}$$

$$v_y = v_{0y} - gt$$

試著依此式來思考速度的變化，則可得知 x 方向沒有發生速度變化，y 方向則產生每秒 $g \times 1 = 9.8 \; [\text{m/s}^2] \times 1 \; [\text{s}] = 9.8 \; [\text{m/s}]$ 向下的速度變化。

接著，我們來求出位置。從等加速度運動的式（2），可得，

$$x = v_{0x}t$$

$$y = v_{0y}t - \frac{1}{2}gt^2$$

消去上述 2 算式的 t 後，則可求出拋出球後，球所行進的軌跡。那就是下述的 2 次函數，

$$y = v_{0y}\left(\frac{x}{v_{0x}}\right) - \frac{1}{2}g\left(\frac{x}{v_{0x}}\right)^2$$

可知軌道為拋物線。而拋出的位置必為原點。

由上式可求出拋出的球會在何處著地。實際上，若將上式加以變化，則得，

$$y = \frac{x}{v_{0x}}\left[v_{0y} - \frac{1}{2}\left(\frac{g}{v_{0x}}\right)x\right]$$

由於球的著地位置是在 $x = 0$ 以外，y 為 0 的地方，因此以

$$v_{0y} - \frac{1}{2}\left(\frac{g}{v_{0x}}\right)x = 0$$

可求出，

$$x = \frac{2v_{0x}v_{0y}}{g}$$

另外，設投出的角度為 θ，改寫上式後，我們即可得知，若以固定速度拋球的話，會以何種角度拋出的球可到達最遠處。由於初始速度可表示為，

$$\vec{v}_0 = (v_{0x}, \; v_{0y}) = (v_0\cos\theta, \; v_0\sin\theta)$$

因此利用上式可將到達地點寫成，

$$x = \frac{2v_0^2\cos\theta\sin\theta}{g} = \frac{v_0^2\sin(2\theta)}{g}$$

由於 x 值於 $\sin(2\theta) = 1$ 時為最大,因此以相同速度拋出的情況下,若以 $\theta = 45°$方向拋出,則將可飛至最遠。

速度、加速度及微積分

一般而言,物體的速度會隨時間不同而改變。此時的速度,若以速度幾乎可視為不變的微小時間段落 Δt 來考量的話,則可近似地以下式來表示。

$$v = \frac{\Delta x}{\Delta t} \tag{4}$$

這裡的 Δx 是指時間 Δt 內產生的位置變化。而式(4)中,若 Δt 越小,則速度會越近似固定。由於實驗中能取得的 Δt 只能小到一定程度,因此只能求出平均的速度。然而,數學上卻可使 Δt 無限趨近於零。換句話說,**瞬間速度**可定義為

$$v = \lim_{\Delta t \to 0} \frac{\Delta x}{\Delta t} = \frac{dx}{dt} \tag{5}$$

加速度也同理可得。若在將速度視為固定的微小時間 Δt 內,速度的變化為 Δv,則加速度 a 可表示為,

$$a = \frac{\Delta v}{\Delta t} \tag{6}$$

加速度不固定的情況下,藉由將 Δt 設為無限小的極限

$$a = \lim_{\Delta t \to 0} \frac{\Delta v}{\Delta t} = \frac{dv}{dt} \tag{7}$$

就可用以表示瞬間加速度。然後,若將式(5)代入式(7),則形成,

$$a = \frac{d}{dt}\left(\frac{dx}{dt}\right) = \frac{d^2x}{dt^2} \tag{8}$$

換句話說,加速度可以位置的 2 階微分方程式表示。

若以微分表示加速度,則運動方程式 $ma = F$,可寫成,

$$m \frac{dv}{dt} = F \quad \text{或是} \quad m \frac{d^2x}{dt^2} = F \tag{9}$$

v-t 圖形的面積及移動距離

接著，我們來探討如何由速度求出移動距離（P. 55 實驗室）。由速度固定時的式（4）移項所得的

$$\Delta x = v\Delta t \tag{10}$$

可求出在時間 Δt 內，移動的距離 Δx。

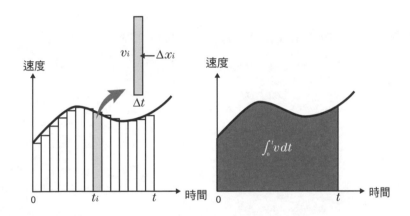

在速度不固定的情況下，如圖所示，我們可以將於微小時間 Δt 內所前進的距離，以式（10）細分求出，再藉由將其合計便可求出近似值。亦即，將時間 0 至 t 之間的時間，區分為 n 個區間，設第 i 個區間的時間為 t_i，此時的速度為 v_i。假設以速度 v_i 於微小時間 Δt 內前進的距離為 Δx_i，則，

$$\Delta x_i = v_i \Delta t$$

由時間 0 至 t 所前進的距離 x 為，

$$\begin{aligned} x &= v_0\Delta t + v_1\Delta t + \cdots + v_i\Delta t + \cdots + v_{n-1}\Delta t \\ &= \sum_{i=0}^{n-1} v_i\Delta t \end{aligned}$$

可以近似值求出。而區分爲無限小的長方形後的 $\Delta t \to 0$ 的極限下（此時 $n \to \infty$）將會沒有誤差。此時，

$$x = \lim_{\Delta t \to 0} \sum_{i=0}^{n-1} v_i \Delta t = \int_0^t v \, dt \qquad (11)$$

且可得知移動距離可藉由表示 v-t 圖形的面積的積分來求出。

　　請應用式（11），試著導出列於 P.87 的等加速度運動的距離的式（2）。加速度爲 a 的等加速度運動的情況下，設在時間 $t = 0$ 時的速度爲 v_0，時間 t 時的速度爲 v，則由式（6），可得，

$$a = \frac{v - v_0}{t}$$

利用上式即可立刻求出式（1）的 $v = v_0 + at$。將式（1）代入式（11）後，可得，

$$\begin{aligned} x &= \int_0^t (v_0 + at) \, dt \\ &= \left[v_0 t + \frac{1}{2} a t^2 \right]_0^t \\ &= v_0 t + \frac{1}{2} a t^2 \end{aligned}$$

即可求出式（2）。

第**3**章

動量

1. 動量及衝量

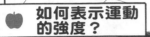

那是因為飛出去的球具有「動量（Momentum）」，那是用來表示運動強度的量喔！

所以是動量對球拍施力，是嗎？

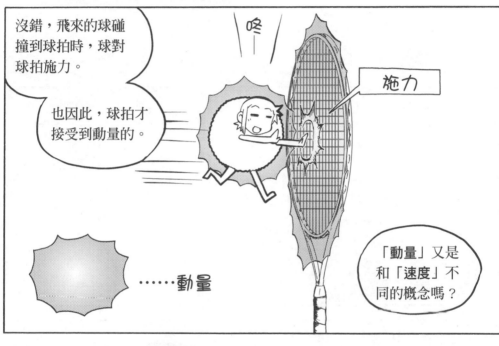

沒錯，飛來的球碰撞到球拍時，球對球拍施力。

也因此，球拍才接受到動量的。

咚

施力

……動量

「動量」又是和「速度」不同的概念嗎？

如果要對動量加以定義，就是，

$$動量＝質量×速度$$

我以為運動的強度只要用速度表示就可以……

還要乘上質量呀？

請仔細想想看。

即使是以相同速度飛來的網球

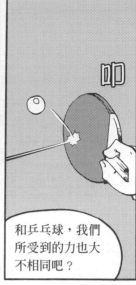

叩

和乒乓球，我們所受到的力也大不相同吧？

……的確是，乒乓球打到頭也不會痛～

什麼？！

難道妳還在記恨……

漫畫刑警 物理系

「網球場殺人事件！！被害人的頭上留有可疑傷口」

唔～這樣我就可以得到巨頭獎產了。

球太大了！！

不不不、沒這回事吧？！

我是看妳一個人整理場地很辛苦，所以才……

轉頭

對不起！只是開玩笑啦！

你很愛鬧彆扭喔？

才沒有！

又在鬧彆扭了……

依質量不同造成動量的差異

 因爲網球和乒乓球的質量差很多，爲了讓妳理解，我還準備了壘球。

 如果是被壘球打中的話，就不是開玩笑了。

 試想，緩慢投出的壘球和快速投出的網球的動量。用圖表示就是這樣。

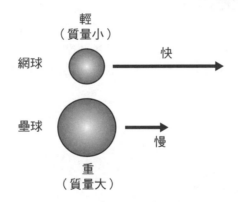

 和網球相比，壘球重多了！

 可知兩球的質量和速度的大小關係爲，

　　壘球的質量＞網球的質量

　　壘球的速度＜網球的速度

然而，動量的大小關係，也就是底下這個對應式的大小關係，

壘球的質量×速度　vs.　網球的質量×速度

若沒有數值就無法確定呢！

 是呀！我記得網球的質量應該約有 60 克。

 而壘球約為 180 克。

 那麼，由於 60：180，所以壘球的質量為網球質量的 3 倍。

 如此一來，由「動量＝質量×速度」的關係來看，當網球的速率為壘球速率的 3 倍時，兩者的動量會相等。

 原來如此～

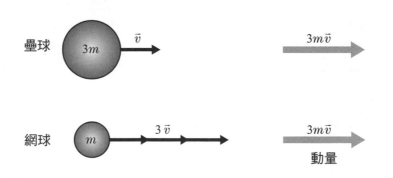

壘球　$3m$　$\vec{v}$　　$3m\vec{v}$

網球　m　$3\vec{v}$　　$3m\vec{v}$

動量

動量的變化及衝量

妳已經了解「由於球具有動量，所以能對球拍施力」的原理了嗎？

那當然！

球在碰撞到球拍前是以完全不同於碰撞後的速度在前進。

也就是說球的動量起了變化。

拉拉拉

讓我們用運動方程式來看看動量的變化吧！

運動方程式可寫成這樣！

$$質量 × \boxed{加速度} = 力$$

由於「加速度＝速度的變化÷時間」

速度 ＝

所以代入運動方程式後，就會變成這樣。

$$質量 × \frac{速度的變化}{時間} = 力$$

這個意思是說？

轉

妳知道哪裡變了嗎？

$$質量 × 速度的變化 = 力 × 時間$$

改寫式子後，就會變成這樣。

啪！

啊！兩邊同時乘上了「時間」呢！

由於
「動量＝質量×速度」，

因此「質量×速度
的變化」就可視爲
「動量的變化」。

原來如此。

因此，底下的式
子就會成立。

而「力×時間」可以稱
爲「衝量（Impulse）」
……換句話說，

$$動量變化＝力×時間$$

力和時間相乘，
就可得知動量的
變化～

「動量變化＝衝量」
而物體的動量會因衝
量而變化。

所以當球撞擊到球拍的
瞬間會施加衝量，而使
動量產生變化……

正是如此。

由於動量是「質量×速度」，因此……

嗯——

球在碰觸到球拍前，動量為 mv……

而碰撞到球拍後，動量變成 mv'……也就是說，動量的變化為 $mv'-mv$ 嗎？

答對了。

另一方面，由於衝量為 Ft，

所以就會變成這樣。

因此，「動量變化＝衝量」。

$$mv'-mv = Ft$$

其實，這個式子只不過是把運動方程式 $ma = F$ 改寫得來。

$$ma = F$$

是嗎？

$$mv'-mv = Ft$$

但是，這個算式卻有助於在當力為已知時，求出動量變化，或是由動量變化求出力。

例如，只要知道球碰觸到球拍前後的球速 v 和 v'，

以及碰觸到球拍的時間 t，就可以得知球拍對球所施加的力 F。

原來如此。

那麼，不就也能知道擊球時的力囉？

只要知道速率等的具體的數值，我們就可以求出力！

聽起來好像很有用呢！

求出擊球的動量

 那麼，我們實際來分析妳打球的狀況，並求出擊球時對球所施加的力吧！我把剛才妳練習時，回擊對手殺球的情況，以高速攝影機錄下來了。

 又來了～只是假設吧？

 這次是真的錄下來了。

 什麼……！

 總、總之，我分析這段影像發現，飛來的球速大約為時速 100 公里，而被擊回的球速約為時速 80 公里。另外，從球碰觸到球拍到離開的時間，約為 0.01 秒。

 如此一來，就有具體的數值了吧？

 是的。用這些數值就可求出球拍對球施加的力的大小。而實際的力就如右圖所示，是不固定的。

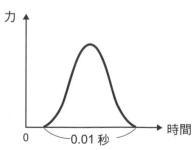

但是，在此爲了便於思考，而把力視爲一定的 **F**。

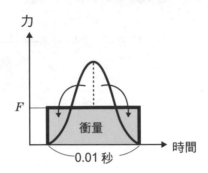

 這樣看來，應該可以簡單計算了呢！

 我們先計算看看回擊前的球的動量。網球的質量爲 0.06 公斤。由擊球的方向來看，球的時速爲負的 100 公里。由於 1 公里爲 1000 公尺，1 小時爲 3600 秒，因此若將速度的單位換成公尺每秒的話，由於 100〔km/h〕= 100×1000÷3600〔m/s〕，所以可知，

$$回擊前的球的動量＝質量×速度$$
$$= 0.06 \times (-100 \times 1000/3600) \fallingdotseq -1.7 \ [\text{kg} \cdot \text{m/s}]$$

 回擊前的球的動量爲 $-1.7 \text{kg} \cdot \text{m/s}$。雖然負號感覺怪怪的，不過，那是指從我的方向來看，對吧！

 那現在，我們來算算看回擊後球的動量吧！由於回擊後的球速爲 80 公里，方向爲正，因此，

$$回擊後球的動量＝ 0.06 \times (80 \times 1000/3600) \fallingdotseq 1.3 \ [\text{kg} \cdot \text{m/s}]$$

算出回擊前後的動量後，就可以求出球的動量變化了，對吧？

 球的動量變化為，

球的動量變化＝回擊後的動量－回擊前的動量
$$= 1.3 - (-1.7) = 3.0 \ [kg \cdot m/s]$$

由此可知，動量變化為 3.0kg・m/s。由於受力時間為 0.01 秒，將兩數值代入以下公式，

球的動量變化＝球的受力×受力時間

可得

$$3.0 = F \times 0.01$$

 然後再把 3.0 除以 0.01 就可得知 F 的值，是 300！

 沒錯！再加上力的單位 N（牛頓），就會得到

$$F \fallingdotseq 300 \ [N]$$

如果將力改以容易理解的公斤重來表示，則由於 1 公斤重約為 10N，所以當妳回擊時，就大約發揮了 30 公斤重的力。

 哇！要舉起 30 公斤是很不簡單的事呢！

 因為只是瞬間爆發的力。這和以肌肉舉起 30 公斤的物體是不一樣的喔！

2. 動量守恆

🍎 **作用力與反作用力及動量守恆**

雖然知道球具有動量，但從球減少的動量會跑到哪去呢？

那麼，我們就來思考看看吧！

突然
出現

又出現了！

不只球和球拍，任何互相作用的物體間都會有動量交換。

而且，交換的動量總和會保持恆定。

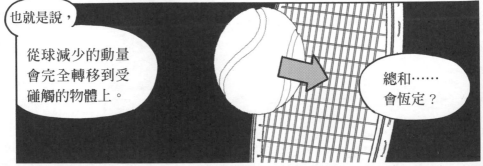

也就是說，

從球減少的動量會完全轉移到受碰觸的物體上。

總和……會恆定？

簡單來說，在
這邊放一個

100 日圓硬幣和
500 日圓硬幣。

請妳用 100 日
圓彈擊 500 日
圓看看。

瞄準中

沒問題！

嘿！

卡

鏘

500 日圓被彈到了
遠處，而 100 日圓
則反彈回來。

剛才的情況就是 100
日圓帶著動量去碰
撞到 500 日圓。

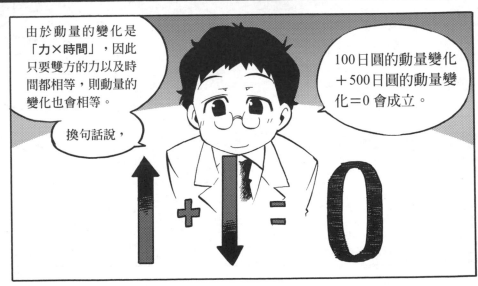

由於力的作用，使得100日圓和500日圓的動量均產生了變化。

咚

雖然是不怎麼好看的圖，但總算是理解了。

由於500日圓為靜止狀態，因此動量為0。而100日圓帶著動量碰撞500日圓……

噠噠噠噠噠

那麼動量的總和，與100日圓所具有的動量是相等的吧！

沒錯！

這就稱為「動量守恆定律（Conservation Of Momentum）」。

哈哈哈哈

動量守恆……是什麼意思呀？

物理上，把即使時間經過，總量也不會變化的情形，稱為「守恆」。

那麼，我們來看看
「總動量恆定」的
情況吧！

首先，請看這
些說明。

100 日圓的動量變化
　＝ 100 日圓碰撞後的動量－ 100 日圓碰撞前的動量。
500 日圓的動量變化
　＝ 500 日圓碰撞後的動量－ 500 日圓碰撞前的動量。

了解。

再把以上算式，代入
「100 日圓的動量變化
＋ 500 日圓的動量變化
＝ 0」之後，可得

100 日圓碰撞後的動量－ 100 日圓碰撞前的動量

　　＋ 500 日圓碰撞後的動量－ 500 日圓碰撞前的動量＝ 0

原來如此。

若再進一步
改寫後，

500 日圓碰撞後的動量＋ 100 日圓碰撞後的動量

＝ 500 日圓碰撞前的動量＋ 100 日圓碰撞前的動量

文字敘述看來
還真是複雜！

速度 V′

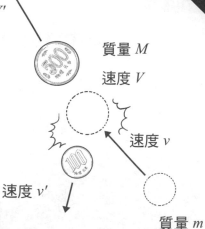

質量 M
速度 V

速度 v

速度 v′

質量 m

那把100日圓的質量表示為 m，500日圓的質量為 M，100日圓碰撞前的速度和碰撞後的速度分別設為 v 和 $v′$，而500日圓碰撞前的速度和碰撞後的速度分別表示為 V 和 $V′$。

如此一來，式子就會變成這樣。

$$mv′ + MV′ = mv + MV$$

簡潔多了！

意思也是「碰撞前和碰撞後，總動量是不變的」。

沒有增加，也沒有減少。

總動量

沒錯！

「作用力與反作用力定律」的背後，

還有「動量守恆定律」存在喔！

動量守恆定律

作用力與反作用力定律

宇宙及動量的定律

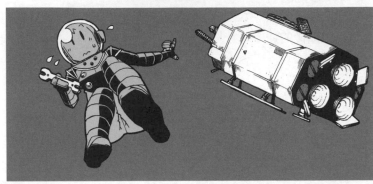

 接下來，我們以宇宙爲例，再來說說動量守恆定律吧！

 宇、宇宙？！

 是的。假設妳是太空人。在某次太空船艙外的活動中，不幸因繩子鬆脫了飄浮在外太空。妳僅有的是艙外活動專用的工具。那麼，妳該如何靠自己回到太空船呢？

 嗯？！游回去嗎？

 哈哈，眞空狀態中是無法游泳的喔！請回想第一運動定律。沒有力作用的物體，若原先是靜止狀態的話，就會永遠靜止。無論妳手腳如何活動，在眞空狀態中身體頂多只能以重心做回轉而已。

 那我不就完了～

請不要放棄！說不定物理知識可以救妳喔！妳手上有工具，對吧？只要將工具投向火箭的反方向即可。當然，請盡可能地用力。如此一來，根據動量守恆定律，妳便會朝與投出物體的相反的方向，也就是太空船的方向前進喔！

 真的嗎?!我能得救了!!

 我們把妳前進的速度設為 V，來確認一下。我們把投出工具的質量設為 m，而其速度為 v。此外，妳的質量為 M，並假設在妳投出工具前，是靜止在宇宙中的。如此一來，由於速度為0，因此妳和工具的動量為0。

 只要沒有運動，動量就是0吧！

 依動量守恆定律來看，即使投出工具後，由於總動量為0，因此下式成立，

$$mv + MV = 0$$

由此又可得知，你的速度為

$$V = -\frac{m}{M}v$$

之所以會帶負號，是用來表示妳和所投出的工具前進方向相反。

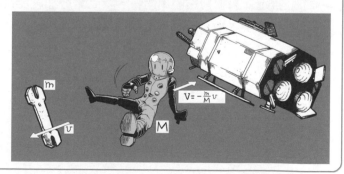

所以你的意思是說，工具的質量越大，投出工具的速度越快，我就能越快速地運動嗎？

沒錯。我們來實際將數值代入算式思考看看吧！假設工具的質量為 1 公斤，而妳的體重和太空服的重量加起來是 60 公斤。然後，再設投出工具的速率為時速 30 公里，則

$$V = -\frac{1}{60} \times 30 = -0.5$$

也就是，妳會以時速 0.5 公里，往與工具相反的方向前進。

那如果我有好幾樣工具，而且一個一個投出的話，我會以更快的速度前進嗎？

好問題！從結論來說，這樣是會讓速度加快。而且實際上，這就是火箭的推進構造。因為從火箭後方所噴出的燃料就相當於「投出的物體」。

呵，原來如此！

藉由一次又一次地噴出燃料，使火箭往與噴出燃料的相反方向推進。只要持續噴出燃料，讓動量增加就能持續加速。一旦停止噴出，則火箭就會呈等速度直線運動。

3. 有用的「動量變化＝衝量」

用來降低衝擊

該怎麼
說呢～

不過，相較於
「動量守恆定律」，
「動量變化＝衝量」
的關係，

在現實生活中似乎
很難感受到耶！

沒有這回
事喔！

當我們想降低衝
擊時，就是個實
際的例子喔！。

降低衝擊？

例如，從高處掉落
時，在到達地面前
的動量，是以落下
的高度及落下物體
的質量來決定。

由於著地時速度為
0，因此動量也會
變為0，對吧！

是的！

只要盡量拉長「由地面受力的時間」就可以了。

這樣聽起來，好像很簡單。

雖然動量變化的值無法改變，但卻有能盡量減少身體衝擊的方法喔！

那麼，我該怎麼做呢？

若套入「動量變化＝衝量」的話，

則著地所伴隨的動量變化（mv）＝來自地面的力（F）×受力時間（t）。

換句話說，由於此式可改寫為 $F = \dfrac{mv}{t}$，

因此「受力時間」越長，越能減少「來自地面的力」，也就是衝擊。

原來如此！

如果以體育課來說明的話，跳高時，必定會在地上鋪安全墊吧！

沒有那個的話，就會害怕到，根本無法跳～

一般而言，我們只會感到「墊子很軟，衝擊力被吸收掉」……

碰

但若以力學的觀點來看，就是延長「受力時間」。

這麼一想，還真的很新鮮呢！

假設因為墊子而使受力的時間由 0.1 秒延長為 1 秒。

光是這樣，就可以把衝擊力降低為 10 分之 1 了。

新紀鋒

貓之所以可以由高處輕鬆地著地，或許就是因為身體很柔軟吧～

沒錯。這是因為藉由彎曲的手腳或身體，多少可以延長受力時間，而降低衝擊。

這樣想來，

力學和日常生活息息相關呢……

啊！

動量的變化和衝量的關係……難道也能用來增加力？

是呀！

這麼說來，也可以應用在打網球上囉！

原來如此……

請回想我們驗證擊球動量時的情形。

對了！

來了！！

只要知道動量……或許就可以知道使動量增大的辦法。

打倒巨象！惠美的必殺發球！！

嗚……喔……

妳想要作這種發球呀？

轟轟隆

轟轟隆

哇哈哈哈

若只看上次的那場比賽，妳們兩人的體力幾乎不相上下。

然而，沙也加能活用身體的彈性，發出好球，眞令人印象深刻。

你的意思是，沙也加打得比我好囉？

害怕

哇！相反地，這不就代表妳還有進步的空間嗎？

好吧！那就用力學來改善發球吧！

嘿！

呼　　呼

由於「動量變化＝力×時間」，因此爲了發出快速球，

盡可能地延長施力時間是重點之一。

實在是……

我常聽人說，瞄準時，要用把球打爆的心態來擊球。

如此一來，便能延長球拍和球的碰撞時間。

即使力相同，但由於施力時間延長，而使衝量變大。

另一個重點就是更用力打囉……

原來如此……還有其他重點嗎？

其實妳的發球還蠻可惜的。

什麼？！

瞄準時

稍微延遲

力的最大值

瞄準後，稍微延遲

可以發現妳在瞄準後，略有稍微延遲才出現力的最大值。

是……是真的嗎？

因此，只要活用身體的柔軟度，在瞄準時使力達到最大就可以了，對吧？

柔軟度呀……

只要有一點點的時間差，結果或許就差很多囉！

為了要增長對球施力的時間，就要以想要打爆球的想法來擊球！！

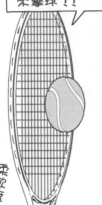

柔軟度

Ft（衝量）會變大！！

因為是複雜的技術問題，所以無法單純地切開來看！

即使如此，因「動量變化＝衝量」所以球能飛出仍是事實！

咻

了解。

接下來，就是在比賽中把注意力集中於球上。

即使我知道原理，身體卻跟不上……但如果是妳的話，一定可以做到的！

聽到你這樣說，我真開心……謝謝你呀！龍・太♥

振奮精神

什、什麼？！幹嘛突然叫我的名字啊！

緊張

妳到底有什麼企圖……

不是這樣啦！

直接叫名字，聽起來比較親切啦！

即、即使妳這樣說……

你也可以叫我「惠美」呀！

什麼嘛！真是固執！

好的，龍太？就這麼決定了！

嗚嗚嗚……

堅　定

不然就叫我「小惠」吧！
綽號就沒關係了吧？

總之，

咳喝

下次是力學基礎最後一堂課了。

請好好努力吧！

啊，好。

……是喔！
龍太的課就快要結束了呢～

是呀！

進階

動量及衝量

　　動量是表示物體運動的大小及方向的量。假設有一質量爲 m、速度爲 $\vec{v}$ 的物體所具有的動量爲 $\vec{p}$，則可表示爲，

$$\vec{p} = m\vec{v}$$

由於速度爲向量，因此動量也是向量。動量的方向和速度的方向相同。

　　如同於第 2 章所強調的，運動中的物體並不具有力，而是具有動量。物體的動量若受到外力作用，就會產生變化。具體表示其變化的是以動量和衝量的關係來看。請試著由運動方程式重新導出動量與衝量的關係。

　　請以質量 m 的球撞擊到球拍爲例來思考。假設球撞擊到球拍前的速度爲 $\vec{v}$，撞擊後的速度爲 $\vec{v}'$。並將球拍對球施加的力設爲 $\vec{F}$。此時，依據運動方程式

$$m\vec{a} = \vec{F}$$

可知球具有 $\vec{a}$ 的加速度。一般而言，雖然力 $\vec{F}$ 並不是固定的，但此處則將 $\vec{F}$ 視爲平均且固定（請參照P.118）。然後，也把 $\vec{a}$ 視爲固定。此時，若把球由球拍受力的時間設爲 t，則加速度 $\vec{a}$ 可表示爲

$$\vec{a} = \frac{\vec{v}' - \vec{v}}{t}$$

　　再將此代入運動方程式後，可得，

$$m\left(\frac{\vec{v}' - \vec{v}}{t} \right) = \vec{F}$$

兩邊同時乘以 t 之後，則可得

$$m\vec{v}' - m\vec{v} = \vec{F}t$$

$m\vec{v}' - m\vec{v}$ 是表示球的動量變化。若將 $\vec{F}t$ 這個量稱為衝量，則以下算式的關係會成立。

$$動量變化＝衝量$$

此外，如下圖所示，動量 $m\vec{v}$、$m\vec{v}'$ 與衝量 $\vec{F}t$，會依循向量的合成法則運動。

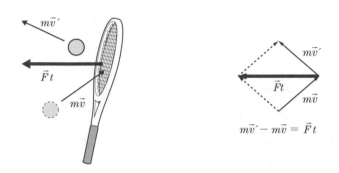

由上述的導出方式，我們可明確知道，動量變化與衝量的關係式在力為固定時，可改寫為運動方程式。如同 P.115 龍太所說的「只不過是改寫運動方程式」就是這個意思。

生活中的「動量及衝量」

如同於 P.129 所學，「動量變化＝衝量」的關係式在欲降低衝擊時是非常有用的。為了減少由運動狀態到靜止狀態所施加於物體上的力，我們必須盡可能地延長衝撞時間。這是因為，

$$物體的動量變化＝施加的力 \times 施力的時間$$

當人從高處落下時，假設著地前的動量為 mv，而由於著地後靜止時的動量為 0，因此動量變化的大小為 mv。此動量變化是由來自地面的力所引起的。由於身體無可避免地會接受到來自地面的反作用力，也就是「衝擊力」。若設此力為 F，受力時間為 t，則可表示為，

$$mv = Ft$$

當 mv 相同時，t 越大則 F 越小。因此跳高的安全墊（P.131）即是為了延長自人體落下時，動量從 mv 轉變為 0 的時間 t 所不可或缺的工具。雖然陷入安全墊的時間內，人體仍會持續受到力 F，然而，由於 Ft 為固定，因此時間 t 越長力 F 就會越小。

「動量＝衝量」的應用實例，在日常生活隨處可見。例如，接球時，我們在無意識之中會縮手，這是為了藉由延長球碰撞到手至停止運動的時間來縮小衝擊力。此外，棒球手套和拳擊手套也是以軟墊來延長衝擊力傳導的時間，以達到減弱力的效果。柔道的護身法、汽車的保險桿和安全氣囊也都是藉由延長衝撞時間來降低動量變化帶來的衝擊力。攀岩時，人一旦失足掉落，具伸縮性的專用繩索就可延長衝撞時間，而使腰不會突然受力而受傷。所以，如果沒有使用專業繩索就去攀岩是非常危險的。

導出動量守恆定律的方法

對於相互衝撞的兩個物體，可藉由使用「動量變化＝衝量」的關係式，來導出動量守恆定律。

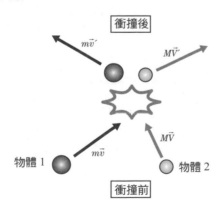

如上圖所示，設物體 1 和物體 2 在沒外力作用的狀態下衝撞。首先，請將焦點放在物體 1（下頁的左上圖）。假設物體 1 的質量為 m，衝撞前和衝撞後的速度分別為 $\vec{v}$ 和 $\vec{v}'$。另外，若物體 1 由物體 2 所受到的力為 $\vec{F}$，則「動量變化＝衝量」的關係式可以用以下式子導出。

$$m\vec{v}' - m\vec{v} = \vec{F}t$$

此處，t 代表物體 1 和物體 2 的衝撞時間，力近似於固定。接下來，物體 2 也可成立「動量變化＝衝量」的式子（下面的右上圖）。假設物體 2 的質量為 M，衝撞前和衝撞後的速度為 $\vec{V}$ 和 $\vec{V}'$，則物體 2 由物體 1 所受到的力為 $\vec{f}$，則下式會成立。

$$M\vec{V}' - M\vec{V} = \vec{f}t$$

此處請注意衝撞時間是相等的。

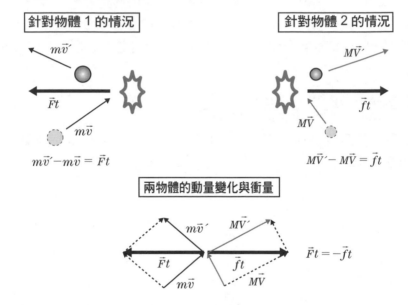

針對物體 1 的情況

$m\vec{v}'$

$\vec{F}t$

$m\vec{v}$

$$m\vec{v}' - m\vec{v} = \vec{F}t$$

針對物體 2 的情況

$M\vec{V}'$

$\vec{f}t$

$M\vec{V}$

$$M\vec{V}' - M\vec{V} = \vec{f}t$$

兩物體的動量變化與衝量

$m\vec{v}'$ $M\vec{V}'$

$\vec{F}t$ $\vec{f}t$

$m\vec{v}$ $M\vec{V}$

$$\vec{F}t = -\vec{f}t$$

在此若使用作用力與反作用力定律，則物體 2 從物體 1 受到的力 $\vec{f}$ 與物體 1 由物體 2 受到的力 $\vec{F}$ 為大小相等、方向相反，因此下式可成立。

$$\vec{f} = -\vec{F}$$

而若將 t 乘以作用力與反作用力定律的式子後，可得

$$\vec{f}t = -\vec{F}t$$

然後將這個式子代入前面的兩個「動量變化＝衝量」的式子後，形成

$$M\overline{V}' - M\overline{V} = -(m\overline{v}' - m\overline{v})$$

再經移項，可得

$$m\overline{v}' + M\overline{V}' = m\overline{v} + M\overline{V}$$

這就是出現於P.125的動量守恆定律[※]。

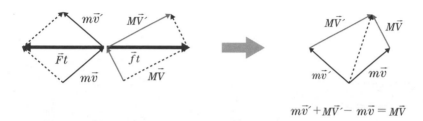

$$m\overline{v}' + M\overline{V}' - m\overline{v} = M\overline{V}$$

若將上述內容以向量圖來表示，則如同上面的左圖般，將物體 1 和物體 2 各自的「動量變化＝衝量」關係式與作用力與反作用力定律相結合，即可得到上面右圖的向量配置。

只以動量守恆定律解開的問題：分裂及合體

一般而言，衝撞的問題不能只以動量守恆定律來解開，但是當 1 個物體分裂為 2 個物體時，以及 2 個物體合體為 1 個物體時就屬例外情況。在P.126 的拋丟工具問題中，若將惠美和工具視為質量為 $m + M$ 的 1 個物體的話，則可將這個問題當作分裂問題的一種來思考。接著，我們來思考合體問題吧！

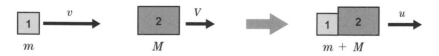

※雖然在 P.125 為了簡化，而未使用向量記號來表示，但為了正確起見，應該附上向量記號以表示動量為向量。然而，於一直線上運動的物體相互衝撞的情況下，不以向量表示也可以。

假設質量爲 m 的物體 1 以速度 v 和質量爲 M、速度爲 V 的物體 2 相互衝撞而合體。此時，設合體後的速度爲 u，則因爲合體後的質量爲 $m+M$，因此根據動量守恆定律，以下式子能成立。

$$mv + MV = (m+M)u$$

因此，合體後的速度可用下式求出。

$$u = \frac{mv + MV}{m + M}$$

此外，即使物體 2 是以由右向左運動，只要設定 $V < 0$，則上述式子仍可成立。

動量的單位

接著來探討動量的單位。雖然力有 N（牛頓）爲單位，但卻沒有特別表示動量的單位。動量的單位，依定義公式「動量＝質量×速度」，可得知，

動量的單位＝質量的單位×速度的單位

$$= [\text{kg}] \times [\text{m/s}] = [\text{kg} \cdot \text{m/s}]$$

就像這樣，我們可以利用公式來決定單位。即使是以「動量變化＝衝量」的關係式也能決定動量的單位。由於動量變化的單位就是動量的單位，因此動量的單位和衝量的單位是相同的。因此可表示爲，

動量的單位＝衝量的單位＝力的單位×時間的單位

$$= [\text{N}] \cdot [\text{s}] = [\text{N} \cdot \text{s}]$$

雖然這個單位看來和前述的 $[\text{kg} \cdot \text{m/s}]$ 不同，但若使用 $[\text{N}] = [\text{kg} \cdot \text{m/s}^2]$ 後，則可得

$$[\text{N} \cdot \text{s}] = [\text{kg} \cdot \text{m/s}^2] \cdot [\text{s}] = [\text{kg} \cdot \text{m/s}]$$

並可確知，兩者是相同的。由上述內容我們知道，

動量的單位爲 $[\text{kg} \cdot \text{m/s}]$ 或 $[\text{N} \cdot \text{s}]$

作用力與反作用力定律及動量守恆定律

　　若使用微積分，則可簡單地導出動量守恆定律。假設物體 1 的速度和質量分別為 $\vec{v}_1$、m_1，而物體 2 的速度和質量分別為 $\vec{v}_2$、m_2。並假設無外力作用。若將物體 1 對物體 2 所施加的力設為 $\vec{F}_{1\to2}$，而物體 2 對物體 1 所施加的力設為 $\vec{F}_{2\to1}$，則兩物體各自的運動方程式，為

$$m_1\frac{d\vec{v}_1}{dt}=\vec{F}_{2\to1} \quad \text{以及} \quad m_2\frac{d\vec{v}_2}{dt}=\vec{F}_{1\to2}$$

將上述兩個式子代入作用力與反作用力定律

$$\vec{F}_{1\to2}=-\vec{F}_{2\to1}$$

後，以下式子可成立，

$$m_2\frac{d\vec{v}_2}{dt}=-m_1\frac{d\vec{v}_1}{dt}$$

由於質量為常數，因此可變為，

$$\frac{d\left(m_2\vec{v}_2\right)}{dt}=-\frac{d\left(m_1\vec{v}_1\right)}{dt}$$

整理後，可得，

$$\frac{d}{dt}\left(m_1\vec{v}_1+m_2\vec{v}_2\right)=0$$

這個式子所表示的是，物體 1 和物體 2 的總動量 $m_1\vec{v}_1+m_2\vec{v}_2$，並不會隨時間經過而改變。因此可得動量守恆定律，

$$m_1\vec{v}_1+m_2\vec{v}_2=\text{固定}$$

由以上推導可確知，動量守恆定律是可由作用力與反作用力定律及運動方程式所導出。反之，我們也可說在作用力與反作用力定律的情況下，存在著動量守恆定律。

此外，對於三個以上的物體，我們也可使用相同方式導出動量守恆定律。

向量的動量守恆定律

由於動量為向量，因此動量守恆定律亦以向量而成立。換句話說，不僅是大小，連方向亦守恆。因此，如同P.121的硬幣碰撞一般，動量的方向若產生變化的話，我們就必須依各個的向量內容來計算。

如下圖所示，請想想物體 1（亦即 100 日圓）碰撞靜止的物體 2（亦即 500 日圓）的情況。將物體 1 的質量設為 m，碰撞前和碰撞後的速度分別設為 $\vec{v}$ 和 $\vec{v}'$，設物體 2 的質量為 M，碰撞前和碰撞後的速度分別為 $\vec{V}$ 和 $\vec{V}'$。在此將物體 1 在碰撞前的速度方向設為 x 軸，碰撞後的物體 1 和物體 2 相對於 x 軸所形成的角度分別為 θ 和 ϕ，若設 $v=|\vec{v}|$、$v'=|\vec{v}'|$、$V'=|\vec{V}'|$，則可表示為，

$$\vec{v}=(v, 0) \text{、} \vec{v}'=(v'\cos\theta, v'\sin\theta) \text{、} \vec{V}'=(V'\cos\phi, -V'\sin\phi)$$

並使用這些速度向量的內容中，將動量守恆定律依分量分別表示後，則形成，

相對於 x 方向：$mv = mv'\cos\theta + MV'\cos\phi$
相對於 y 方向：$0 = mv'\sin\theta - MV'\sin\phi$

在 500 日圓和 100 日圓碰撞後，有時 100 日圓會彈回後方，此時由於 $\theta > 90°$，因此 $\cos\theta < 0$。圖中顯示 $\theta < 90°$ 的情況。

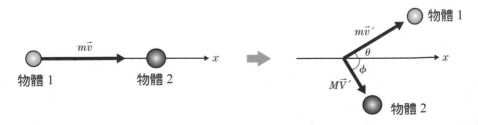

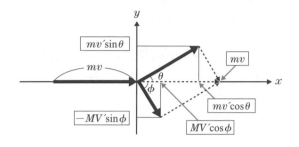

若只以動量守恆定律來看，則無法決定碰撞後的物體會以什麼角度、以多快的速度前進。這個問題，我們留到下一個章節再討論。

🔴 火箭的推進

在P.126的實驗室中，我們學到了靜止於宇宙空間中的太空人，可藉由拋出物體而朝與投出物體相反的方向前進。這個現象和火箭的推進原理相同。火箭是藉由從後方快速地噴射燃料，而使火箭朝反方向逐漸加速前進。以下我們就來仔細探討這種情況。

首先，設靜止於宇宙中的火箭以速度 $-u$（$u > 0$）射出質量 m 的小物體。假設小物體與火箭的總質量為 M，射出後的火箭速度為 V_1，若依據動量守恆定律，則，

$$0 = (M - m)V_1 + m(-u)$$

$$\therefore V_1 = \frac{m}{M-m}u \qquad (1)$$

假設火箭再次以和剛才相同方向的相對速度（由火箭來看的速度）$-u$ 射出質量為 m 的小物體。此時，將火箭的速度設為 V_2，請將焦點放在射出第2個小物體的前後，由於火箭的總質量分別為 $M - m$、$M - 2m$，則動量守恆定律的式子會變成這樣：

$$(M-m)V_1 = (M-2m)V_2 + m(V_1-u)$$

請注意，火箭以速度 V_1 前進時，小物體的速度會變成 V_1-u。若由上式來求 V_2 則會得到下式：

$$V_2 = V_1 + \frac{m}{M-2m}u \tag{2}$$

將式（1）代入式（2），再消去 V_1 後，可得

$$
\begin{aligned}
V_2 &= \frac{m}{M-m}u + \frac{m}{M-2m}u \\
&= \left(\frac{1}{M-m} + \frac{1}{M-2m}\right)mu
\end{aligned}
\tag{3}
$$

（由速度 V_{N-1} 的火箭來看，小物體以速度 $-u$ 從火箭後方被射出。）

設火箭以相對速度 $-u$ 持續地射出質量為 m 的小物體。在射出 N 個小物體後的火箭速度為 V_N，此時由於動量守恆定律可寫成下式：

$$[M-(N-1)m]V_{N-1} = (M-Nm)V_N + m(V_{N-1}-u)$$

因此 V_N 會變成，

$$V_N = V_{N-1} + \frac{m}{M-Nm}u$$

若反覆利用此式，則可得，

$$V_N = \left(\frac{1}{M-m} + \cdots + \frac{1}{M-Nm}\right)mu = \sum_{k=1}^{N}\frac{m}{M-km}u \tag{4}$$

實際上火箭是連續朝後方噴射燃料的。因此，請將式（4）改為連續性的。設火箭在每微小時間 Δt，以相對速度 $-u$，噴射出微小質量 Δm。設從靜止狀態至噴射 N 次的時間為 t，則 $t=N\Delta t$。將此時的火箭速度設為 $V(t)$，則藉由將式（4）改寫成 $m \to \Delta m$、$V_N = \to V(t)$，可得，

$$V(t) = \sum_{k=1}^{N} \frac{\Delta m}{M - (\Delta m/\Delta t)\,(k\Delta t)}\, u \tag{5}$$

在噴射間隔 Δt 的無限小的極限 $\Delta t \to 0$ 下，則總和便會成為積分問題。而在進行積分前，請記得改寫成：$N \to \infty$、$\Delta m/\Delta t \to dm/dt$（每單位時間所損失的質量，也就是噴射出的燃料質量），將 $\Delta m \to (dm/dt)\,dt$ 之後，可得，

$$\begin{aligned}V(t) &= u \int_0^t \frac{1}{M - (dm/dt)\,t}\left(\frac{dm}{dt}\right) dt \\ &= u \int_0^t \frac{1}{M\,(dm/dt)^{-1} - t}\, dt\end{aligned} \tag{6}$$

每單位時間內所噴射的燃料為固定的情況下，設 $dm/dt = \alpha$（常數），則式（6）可如下式般用積分計算。

$$\begin{aligned}V(t) &= u \int_0^t \frac{1}{(M/\alpha) - t}\, dt = u\left[-\log_e(M/\alpha - t)\right]_0^t \\ &= u \log_e\left(\frac{M}{M - \alpha t}\right)\end{aligned} \tag{7}$$

而利用式（7），即可表示火箭的初始速度 $V(0) = 0$。此外，αt 所代表的是經過時間 t，火箭所噴射的燃料總質量。因此，若設火箭最初承載的燃料總質量為 m_0，則火箭於時間 $t = m_0/\alpha$ 下會用盡燃料，而由加速度運動轉變為等速度直線運動（請參照下圖）。

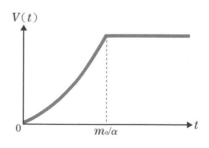

第 **4** 章

能量

1. 功及能量

這裡很安靜，

正好適合上最後的課程。

好！

🍎 何謂能量？

一般來說，

爬坡或上樓梯比在平地走路還累吧！

那是因為人體的能量消耗量大約是在平地走路時的 3 倍喔！

哇～原來如此。

這麼多！竟然消耗

能量這個詞彙經常在生活中處處可見喔！

例如，能量效率高的車子、補充能量的飲料等。

這就類似力這個詞彙在日常生活和物理上，所代表的意義是不同的。

咦？
所以…

能量也是在物理上被明確定義的詞彙嗎？

是的。

就如同力依據運動定律來定義般，

能量也有正確的定義。

咕嚕咕嚕

哈——

這麼說來，我有聽過動能和位能喔！

運動的物體具有表示運動大小，名為「動能」的量。

動能和動量是不同的嗎？

請喝

謝、謝謝…

正是，動量有動量守恆定律，另外還有一個完全不同的「能量守恆定律（Law Of Conservation Of Energy）」。

能量也會守恆嗎？

除了動能之外，能量還以位能、

電能、化學能、熱能、

核能等，各種形態

慌緊

你不喝嗎？

存在這世界上。

雖然能量以許多形態存在著，然而

卻能互相轉換的。

能量是可以各種形態出現的呢！

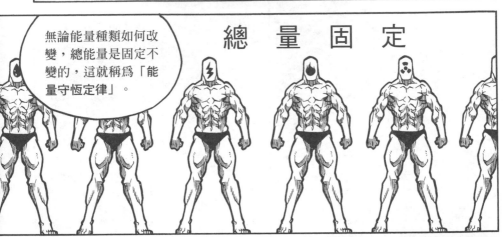

無論能量種類如何改變，總能量是固定不變的，這就稱爲「能量守恆定律」。

總 量 固 定

我們以腳踏車的發電式照明燈，

做爲具體例子來思考看看。

那是將腳踏車的動能的一部分，轉換爲電能，再轉換爲光能的裝置。

喔～原來如此。

鈴鈴

鈴鈴

反之，電動汽車則是將電能轉換爲動能。

那麼普通的汽車呢？

以汽油運轉的汽車引擎爲熱機的一種，

它將熱能轉換爲動能，使汽車得以行駛。

電能

↓

動能

熱能

↓

動能

汽車引擎的熱能是由汽油與空氣的反應而產生的化學能所製造出來的。

而且總能量也是不變的喔！

我們人類也是以食物和氧氣做爲能量來源，

然後身體再將攝取的能量轉換爲運動肌肉的動能或是保持體溫的熱能。

我們的身體也會自動改變能量呀？

雖然我們會有消耗能量的感覺。

但只是能量轉變成另一種形式，基本上總能量並沒有改變。

所以是總量是固定循環的。

而動能跟位能（Potential Energy）

是許多能量的基本，這兩種合稱爲「力學能」。

位能？

……

這之後會再說明。

我先來說說動能。

好一

某物體的能量以
算式表示如下。

嗯？

$$動能 = \frac{1}{2} \times 質量 \times 速率 \times 速率$$

是「速率」而不
是「速度」啊！

妳發現關
鍵囉！

由於速率所指的只有
大小的量，所以動能
也是只有大小的量，

絕對不會是
負的。

這是什麼意
思呀？

試著與動量
相比。
妳還記得這
個公式嗎？

$$動量 = 質量 \times 速度$$

記得。

動量是具有大小和方向性的向量。

而動能是沒有方向性的！

掉落

此外，一般而言，即使兩個物體的動量相等，

動能卻會不同。

是這樣嗎？

例如，質量 1 公斤，速率 1m/s 的物體的動量大小，和

質量 0.5 公斤，速率 2m/s 的物體的動量大小都是 1kg·m/s。

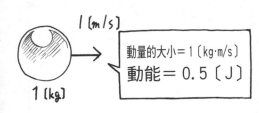

動量的大小＝1〔kg·m/s〕
動能＝0.5〔J〕

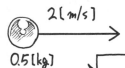

動量的大小＝1〔kg·m/s〕
動能＝1〔J〕

若計算動能，則前者為
1/2×1〔kg〕×1〔m/s〕×1〔m/s〕
＝0.5〔J〕，

而後者為
1/2×0.5〔kg〕×2〔m/s〕
×2〔m/s〕＝1〔J〕。

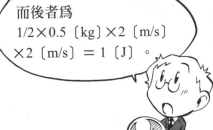

等一下！

〔J〕是
什麼？

〔J〕（焦耳）
是能量的單位。

一般
1〔J〕= 1
〔kg・m²/s²〕。

什麼？

例如，將重約 102
克的物體向上提 1
公尺，就會相當
於 1 焦耳。

102g

1〔J〕

還可將焦耳與電學上
的千瓦小時，或是食
物熱量計算上的卡路
里等，

※ 50 公克的蛋糕
約有 170kcal
= 710000 焦耳。

約 0.2389〔cal〕

約 2.78x10⁻⁷〔kw・h〕

與其他能量單
位互相轉換。

啊
！

如果把蛋糕轉
換為焦耳，

嚇死人了！

？

是呀！

？

……

動量及動能的差異

 以各種物體來思考動量和動能的差異，會更容易理解。

 真的嗎？

 請回想妳在太空中遇難的例子（請參照 P.126）。當時我們假設妳為了回到太空船上，利用了動量守恆定律，以速度 v 拋出質量為 m 的工具，而獲得了動量 $-MV$，對吧！

 是呀～

 由於拋出工具前為靜止狀態，因此兩者的動量均為 0。拋出後，依據動量守恆定律，以下公式會成立。

工具和太空人的總動量＝ $mv + MV = 0$

換句話說，$mv = -MV$ 會成立。也就是工具的動量與你這個太空人的動量 MV 大小相等、方向相反，因此總和為 0。

 由於動量為向量的一種，因此有方向性，所以即使大小相同的動量，只要方向相反就會互相抵消，對吧！

 接下來，我們來想想，工具的動能和妳（太空人）的動能吧！由於在拋出工具前，妳是靜止狀態，因此兩者的動能也是 0。

然而，在拋出工具後產生了動能，因此總動能便不會為 0。

工具和太空人的總動能 $= \frac{1}{2}mv^2 + \frac{1}{2}MV^2 > 0$

 由於有動能產生，所以我就可以移動了！

 這個動能是因於你拋出工具而產生的。若以能量守恆定律來思考，則所產生的動能會等於你所減少的體能。

 了解。

 雖然要直接測量生物的能量是非常困難的，但相反地，我們可藉由求出生物所產生或吸收的能量，來確定生物的能量增減。

 你是說，我使物體運動所產生的能量，就相當於我體內所減少的能量。

 這也是多虧了能量守恆定律。由以上的例子我們可以得知，能量和動量必須分開來思考。

🍎 位能

剛才我們探討過力學能分為動能及位能……

位能（Potential）指的就是位置的能量喔！

是嗎？

是的，

Potential 是「潛能」的意思。

那麼，位能是指潛在的能量的意思嗎？

我們用跳高為例來思考看看吧！

最高點不具有動能，取而代之的是重力位能。

跳高時，身體到最高點的瞬間，動能會消失。

然而，動能會隨著身體落下而增加，所以就算身體停在最高點也應具備產生動能的潛在能量。

這就是位能！

蓄積於可產生動能的空間中的能量，就是「位能」。

在具有位能的空間

拿著物體……

產生動能

由於現在我們所探討的位能是因地球的重力所產生的，

因此稱爲重力位能。

那麼物體除了落下時，也具有位能嗎？

有的，比如說，可伸縮的橡皮筋或彈簧。

啪

他真的有很多道具耶！……

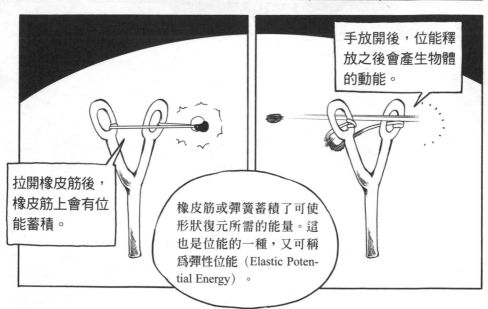

拉開橡皮筋後，橡皮筋上會有位能蓄積。

手放開後，位能釋放之後會產生物體的動能。

橡皮筋或彈簧蓄積了可使形狀復元所需的能量。這也是位能的一種，又可稱爲彈性位能（Elastic Potential Energy）。

166

精明

像這樣爲了使能量變化，必須在施加力的同時，使物體移動。

這就稱爲「作功」。

這個詞跟我們平常講的「作工」感覺不一樣呢！

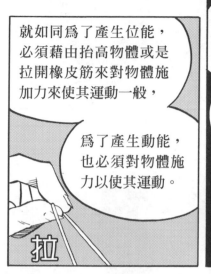

就如同爲了產生位能，必須藉由抬高物體或是拉開橡皮筋來對物體施加力來使其運動一般，

爲了產生動能，也必須對物體施力以使其運動。

拉

沒錯。力學上將作功定義爲，

功＝物體的移動距離×移動方向的力

像這樣。

移動方向的力

力

物體

物體的移動距離

簡單來說，就是距離×力嗎？

但是方向也必須納入考量……

雖然垂直提起物體時，所作的功只有「施加的**力×上提的距離**」，

然而若只是提著不動，無論妳提得多辛苦，也不會成為物理上的功。

提起書包時會作功。

只是提著書包時，作功為 0。

力

移動

力

靜止

如果你只是提著，身體會感覺疲憊，卻不算是作功喔！

功是用來描述能量增減的物理量。因此，雖然我們說「物體具有動能」，

汗流

浹背

龍太的書包好重……

但卻不會說「具有功」。這是因為功是「作」或是「被作」的。

原來如此。

168

🍎 功及位能

所以我們可以藉由作功，來使位能增加或減少。

若提起物體作功，位能就會上昇。

以被提起的書包來說，

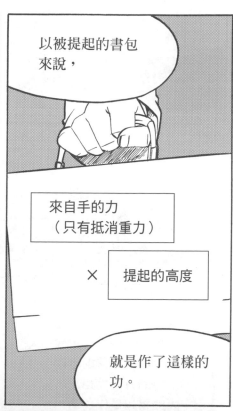

來自手的力
（只有抵消重力）

× 提起的高度

就是作了這樣的功。

此時，由於力的方向和書包的移動方向一致，因此功的符號爲正，

所以，位能會增加。

那麼，只要放下書包，位能也會減少吧？

沒錯。

位能增加

位能減少

力

移動

作正功

力

移動

作負功

若將提起後的書包放下，則由於移動方向及力的方向爲相反，因此書包是作負功。所以位能會減少。

拿橡皮筋來說也一樣，拉橡皮筋時作正功，

移動

力

以儲備位能。

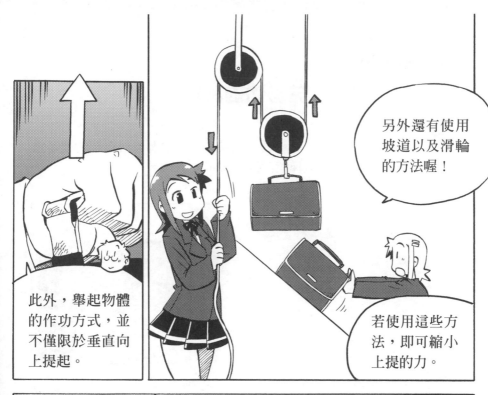

另外還有使用
坡道以及滑輪
的方法喔！

此外，舉起物體
的作功方式，並
不僅限於垂直向
上提起。

若使用這些方
法，即可縮小
上提的力。

然而，相較於垂直往上
提，運用這些方式使必須
持續施力的距離增加，

且為了提昇至相同
高度，結果還是必
須作等量的功。

滑溜溜

唉呀！

這就稱為
「功的原理」。

原來如此～

確認功的原理

 那麼，我們來探討將重物提至某高度的情況。最單純的就是垂直往上提。我將這種狀況簡化表示成這樣。

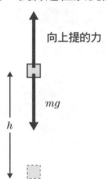

向上提的力

mg

h

 是把質量 m 的物體提至高度 h，對吧！

 讓我們來試想，只對物體施加抵消重力的力，也就是施加和重力相同大小的力，並將物體往上提至 h 所作的功。設重力加速度為 g，則由於施加於物體的重力為 mg，因此上提的力的大小也可以 mg 表示，則，

$$垂直向上提的功＝向上提的力×向上提的高度＝mgh$$

請注意，在此不考慮空氣阻力及摩擦力。
然而，雖然垂直向上提很簡單，但卻非常辛苦。

 是呀！如果放到斜坡的推車上來推就輕鬆多了！

 那麼，我們接著來想，若使用坡道把物體推到高處的情況吧！

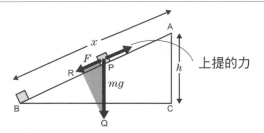

此時，由於為了往上拉物體所必須出的力，只要能抵消坡道方向的重力的大小即可，因此和圖中的 F 大小相同。因此，若設坡道的長度為 x ，則將物體由 B 地點上提至 A 地點的功即為，

使用坡道上提的功＝Fx

那麼，沿著坡道的力 F 顯然較 mg 小。但是，持續施力的距離卻變長了。

因此，使用坡道推動物體上移的功和垂直上提時大小相等。

我們來確認看看吧！表示圖中的斜面的 △ABC，和表示力的分解的 △PQR 均為直角三角形，由於 ∠CAB ＝ ∠RPQ ，因此兩者為相似三角形，也就是形狀相同、大小相異的三角形。因此，相對應邊的比例會相等。也就是，

$$\frac{AB}{AC} = \frac{PQ}{PR}$$

並將 AB=x 、AC = h、PQ=mg、PR=F 代入後，形成

$$\frac{x}{h} = \frac{mg}{F}$$

可得，

$$Fx = mgh$$

因此，以下式子會成立。即，

使用斜面上提的功＝垂直上提的功

用式子也能確認功的原理呢！

請注意此處的計算結果無論斜面如何傾斜都是相同的。
因此，由功的原理可知，若要將質量為 m 的物體上提至高度
h，無論以何種方式上提，都只有做功如下：

$$抵消重力的力 \times 上提的高度 = mgh$$

意思是說，不管用什麼方式，功的量是不變的！

反過來說，依據這裡的功來看，位能只會增加 mgh。也就是
說，我們可得知位於高度 h，質量為 m 的物體，只具有 mgh
的位能。

由於放下物體後會做負功，因此位能便會隨之減少。

這點和物體最初位於何種高度完全沒有關聯。換句話說，高度
的基準可任意改變。

咦？……變小了……身體怎麼

作功不僅會使位能增減,同時也會使物體

的動能有所增減。

我長大囉

什麼!

當你移動物體或使物體停止時,都會作功,對吧!

哇～～～真可愛♥

輕鬆

喂……等一下!

好啦!接著說～

這……

咳

若對靜止的物體持續於某距離內施力,則物體的動能會增加。

 力

推

施力使其移動

⬇

產生動能

這對非靜止的物體也是成立的。也就是說，只要對物體的運動方向持續施力，

動能就會更增加。

柏青哥的小鋼珠也是運用這個原因吧！

因為只要在某距離內持續施力就會作功，

$$\begin{bmatrix} 物體的動能 \\ 變化 \end{bmatrix} = \begin{bmatrix} 物體被 \\ 作的功 \end{bmatrix}$$

因此上述的關係式就會成立。

原來如此！

在使物體運動時，力的方向即為運動方向……換句話說，

當運動方向和移動方向相同時，就是作正功。

因此，動能的變化亦爲正，且動能會增加。

媽媽買餅乾給我！！

運動中

另一方面，若對運動中的物體施加反向的力，則可使運動停止。

也就是使動能減少吧！

此時，由於移動方向和力的方向爲相反，因此功的符號會變爲負。

因此，物體的動能的變化亦爲負……也就是減少。

啊

功及動能的關係式

 以下我們來探討功和動能的關係式是如何導出的。對以速率 v 進行等速度直線運動的質量 m 的物體，只有距離 x 內，持續從其行進方向水平施加固定的力 F。

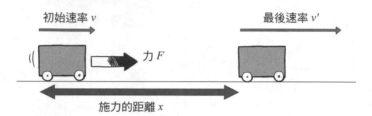

初始速率 v　　　　　　　　　　最後速率 v'

力 F

施力的距離 x

 也就是對運動中的物體進一步施力呢！

 此時，

$$物體所作的功＝Fx$$

此外，若設作功後的物體的速率為 v'，則

$$動能的變化＝\frac{1}{2}mv'^2－\frac{1}{2}mv^2$$

因此，以下的關係式，

$$物體動能的變化＝物體被作的功$$

可表示為

$$\frac{1}{2}mv'^2－\frac{1}{2}mv^2＝Fx$$

 原來如此……

此式可以用下述方式導出。由於 F 是固定的，因此作功時的物體是等加速度運動。因此，若設物體的加速度為 a，則以下的等加速度運動的算式（請參照 P.87 的式（3））會成立如下。

$$v'^2 - v^2 = 2ax$$

若將以下運動方程式

$$ma = F$$

代入上式，則，

$$v'^2 - v^2 = 2\frac{F}{m}x$$

若兩邊同時乘以 $\frac{1}{2}m$，則可得，

$$\frac{1}{2}mv'^2 - \frac{1}{2}mv^2 = Fx$$

如果慢慢算的話，應該算得出來吧！

此外，若物體的移動方向和力的方向一致時，由於 $F > 0$，因此 $Fx > 0$，物體就被作正功（由於 x 表示距離，因此恆為正）。此時，

$$\frac{1}{2}mv'^2 - \frac{1}{2}mv^2 > 0 \ \text{也就是} \ \frac{1}{2}mv'^2 > \frac{1}{2}mv^2$$

動能會增加。反之，移動方向和力的方向為相反時，由於 $F < 0$，因此 $Fx < 0$，物體被作負功。此時，物體的動能會減少。

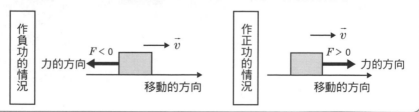

🍎 安全距離及速率

我們藉由「動能變化＝被作的功」的關係，來探討安全距離吧！

安全距離？

就是指交通工具由踩下煞車至停止爲止的距離。例如⋯⋯

妳以固定的速度騎腳踏車，然後按手煞車。

哦

由功和動能的關係來看，下述式子會成立。

$$\frac{1}{2} \times 質量 \times 速率 \times 速率 = 煞車的力 \times 安全距離$$

將此式變形後，可得以下式子。

$$安全距離 = \frac{質量 \times 速率 \times 速率}{2 \times 煞車的力}$$

此式表示，安全距離會隨著交通工具的重量和速率越大而拉長，

而隨著煞車的力越強，安全距離越短。

速率連乘兩次呢？

這是為了表示安全距離和速率平方成正比而來。

安全距離

安全距離和速率平方成正比

初始速率若為 2 倍，則安全距離就會變成 4 倍囉？

速率

沒錯！
如果誤以爲速率和安全距離成正比是很危險的。

是呀！

因爲當速率以倍數增加時，停止所須的距離會是倍數的平方喔！

如果是腳踏車的話，也許差異還不會那麼大，但如果是汽車的話，問題可就大了。

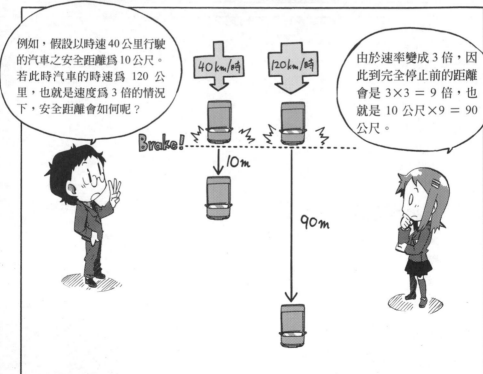

例如，假設以時速40公里行駛的汽車之安全距離爲10公尺。若此時汽車的時速爲 120 公里，也就是速度爲 3 倍的情況下，安全距離會如何呢？

40km/時　120km/時

Brake!

10m

90m

由於速率變成 3 倍，因此到完全停止前的距離會是 3×3 ＝ 9 倍，也就是 10 公尺×9 ＝ 90公尺。

如果誤以為安全距離和速率成正比的話，會產生什麼狀況呢？

差不多該踩煞車了——

那就會誤以為到停止前的距離也是 3 倍的 30 公尺……如此一來，和真正的安全距離就差了 60 公尺之多呢！

還早啦！

碰！

以為可以停下來，卻停不下來，很有可能因此發生車禍。

因此，汽車駕訓班都一定會告訴我們安全距離和速度平方成正比。

原來如此。

哇！

2.力學能守恆定律

能量的轉變

動能和位能兩者是可互相轉換的。

能量也守恆呢！

噠！

我們利用跳高的例子來看看吧！

由地面起跳時，肌肉會作功而產生動能。

自腳離開地面起，動能會隨著高度增高而減少，

並於到達最高點的瞬間變為0。

此時，動能會不斷轉換為重力的位能，並在最高點時，位能達到最大。

換句話說，動能是會轉換為位能的。

一旦過了最高點後，位能又會轉換為動能，直到落在軟墊上後，再次將動能轉換，減少的能量由軟墊吸收。

重力以外的位能也能轉換爲動能。

這次又要拿出什麼？

我剛好帶了適合的東西，我們來實驗看看吧！

啊！

有了，

請收下。

咦？給我的嗎？

請按下那個按鈕打開盒子。

小鹿亂撞

這個嗎？

卡

彈出

卡啪

速度

具有位能　　　位能轉換為動能

這個毛毛蟲玩具內裝有彈簧

嚇呆

彈簧在盒子裡呈收縮的狀態時具有位能，

而打開蓋子後，位能就會轉換為動能，

結果，玩具就跳出來了！

● **力學能守恆定律**

我真沒想到看似大膽的妳……

竟然這麼怕蟲

對不起啦!

接下來還要再深入說說,動能和位能的變換⋯⋯

⋯⋯

下次不准再惡作劇了!

當、當然。絕對不會再犯了!

那就好。接下來呢?

由於跳高還牽涉到身體的動作,所以會有點難以理解。

因此,我們用簡單的投球的情況來討論吧!

垂直向上拋球時，球拋得越高、位能越大，

球的動能則會變小。

這和跳高的例子一樣呢！

然後，在球達到最高點時，動能會全部轉換爲位能，

隨著球落下，位能又會逐漸轉換爲動能。

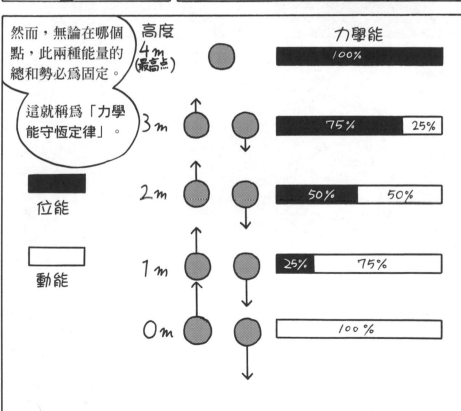

然而，無論在哪個點，此兩種能量的總和勢必爲固定。

這就稱爲「力學能守恆定律」。

位能

動能

高度

力學能

4m
(最高点)　　100%

3m　　75%　25%

2m　　50%　50%

1m　　25%　75%

0m　　100%

快看！

然而，爲了使「力學能守恆定律」成立，還有個條件是必須忽略空氣阻力。

原來如此。

如果有阻力和摩擦的話，能量就會轉移呢！

果然！！

鏘

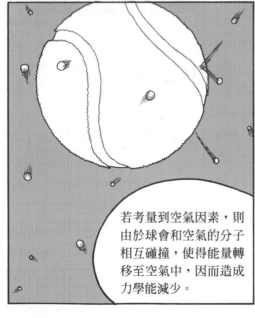

即使在這樣的情況下，若考量到分子等級的微觀能量，則能量守恆定律仍然會成立。

若考量到空氣因素，則由於球會和空氣的分子相互碰撞，使得能量轉移至空氣中，因而造成力學能減少。

眞是個厲害的定律呢！

以算式來表示力學能守恆定律

 接著來說明，將球垂直向上拋時，力
學能守恆定律會成立這件事。
首先，動能的變化和功的關係式為

$$\frac{1}{2}mv'^2 - \frac{1}{2}mv^2 = Fx$$

 這剛才在P.178的「實驗室　功及動能的關係式」已經確認過了！

 在這裡，功 Fx 為重力所作的功。我們假設以速率 v_0 向上拋球
的高度為 h_0，而拋球後的高度 h 的速率為 v。此時，持續施力
的距離 x 為球的高度差 $h - h_0$。

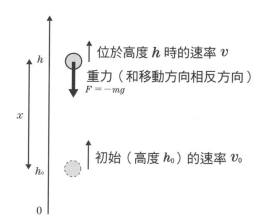

h

位於高度 h 時的速率 v
重力（和移動方向相反方向）
$F = -mg$

x

h_0　　初始（高度 h_0）的速率 v_0

0

 這裡可用 $\frac{1}{2}mv'^2 - \frac{1}{2}mv^2 = Fx$ 來思考！要先以 v 取代 v'，以
v_0 取代 v，對吧？

沒錯。重力和高度增加的方向是呈反向作用的力,因此有負號,可表示為,

$$F = - mg$$

因此,重力所作的功為,

$$Fx = - mg(h - h_0)$$

將上式代入最初的式子後,會形成,

$$\frac{1}{2}mv^2 - \frac{1}{2}mv_0^2 = - mg(h - h_0)$$

也可改寫為

$$\frac{1}{2}mv^2 + mgh = \frac{1}{2}mv_0^2 + mgh_0$$

 這就是力學能守恆的公式?

 是的。讓我們用文字試著解釋看看吧!

$$\frac{1}{2}mv^2 = 於高度\ h\ 的動能$$
$$mgh = 於高度\ h\ 的位能$$

因此,代表兩者和的左式,也就表示球於高度 h 時的力學能。

 依此類推,右式則表示球於高度 h_0 時的力學能。

 正是如此。由於高度為 h_0 時的力學能是指球上拋時的力學能,因此由以上所導出的式子即可得以下關係式。

於高度 h 的機械能=上拋時的力學能

原來如此……

 換句話說，被上拋的球的力學能是在任何高度下，都恆與最初的力學能的值相等。這就是**力學能守恆定律**。使用力學能守恆的公式後，即可求出，為了使球上昇至某高度，必須以多快的速率投球。由於最高點的球的動能為 0，因此，

$$mgh = \frac{1}{2} mv_0^2 + mgh_0$$

也就是說，以下式子會成立：

$$mg(h - h_0) = \frac{1}{2} mv_0^2$$

 也就是說，球最初所具備的動能全都轉換成位能了！

 沒錯！如果想要知道，球要到達某高度 h，所須的速率 v_0，我們只要將剛剛的式子加以變形為

$$v_0^2 = 2g(h - h_0)$$

來使用即可求出。

 將具體的數字填入此式後，即可得知使球上昇至某高度所必須的速率。

接著來，使用由機械能守恆定律所導出的式子，來試著

求出，為了使球到達高度 4 公尺，所須的投球速率吧！

為了易於理解，設投球的高度為 0 公尺。

請將 $g = 9.8 \ [\text{m/s}^2]$ 和 $h = 4 \ [\text{m}]$ 代入 $v_0{}^2 = 2gh$。

由於
$v_0{}^2 = 2 \times 9.8 \times 4$，因此
$\sqrt{2 \times 9.8 \times 4} = \sqrt{78.4}$
$\fallingdotseq 8.9 \ [\text{m/s}]$

……是這樣嗎？

完全正確！

轉換為時速後，為 $8.9 \ [\text{m/s}] \times 3600 / 1000 \fallingdotseq 32 \ [\text{km/h}]$。

也就是說，

使用這個式子的話，可以計算出以時速 100 公里投球，可上昇的高度嗎？

沒錯。
因為 $h = \dfrac{v_0{}^2}{2g}$，

大約可上昇至 39 公尺呢！

喔！

不愧是銀牌得主！真快～♪

斜面上的力學能守恆定律

 力學能守恆定律在垂直向上拋球以外的情況下也會成立嗎？例如，在坡道上滾動球時，又會變成怎樣呢？

 那麼，我們先來思考一下，球由高度 h_0 滾至 0 的情況吧！若途中高度為 h_A 時的球速為 v_A，h_B 時的球速為 v_B。

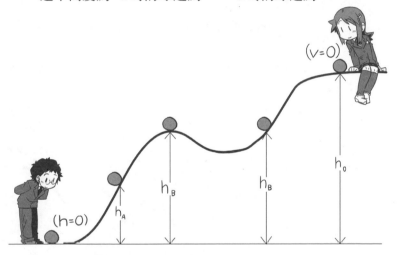

 由於滾動開始時 $v = 0$，因此一開始球所具備的位能為總力學能。現在設總力學能為 E，由於質量 m 的球在高度 h 所具備的位能為 mgh，因此此球最初的總力學能為

$$E = mgh_0$$

接著，球滑到底時，也就是設 $h = 0$ 的速度為 v 時，E 該如何表示？請回想向上拋球的例子。

 剛才的例子中，球達到最高點時，動能會全部轉換為位能，因此 $E = \dfrac{1}{2} mv^2$ 嗎？

 沒錯！由於在滾動途中，力學能也不會有增減，因此動能和位能的總和還是為 E。也就是會得到，

$$\frac{1}{2} mv_A{}^2 + mgh_A = \frac{1}{2} mv_B{}^2 + mgh_B = E$$

尤其，若如圖中 2 個高度相等的地點上，則位能會相等，因此即使速度的方向不同，動能仍會相等。

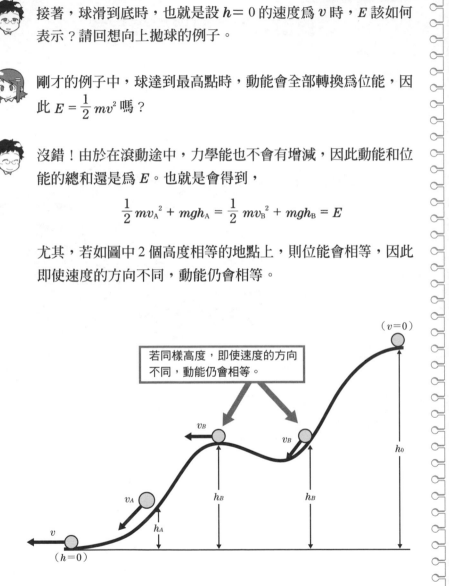

若同樣高度，即使速度的方向不同，動能仍會相等。

動能和速度的方向是沒有關係！

 是的。動能只具有大小。而位能也是以高度即可決定。

 如果在坡道之後再接一段坡道，那麼能使球再上昇至原本的高度嗎？

 當然可以，不過，這要在忽略摩擦及空氣阻力的條件下才成立。若設球再上昇途中的高度為 h，則在此高度的動能可由力學能守恆定律表示為：

$$\frac{1}{2}mv^2 = E - mgh$$

隨著高度上昇，動能減少，高度變為 h_0 時，$\frac{1}{2}mv^2 = E - mgh_0 = 0$，也就是動能會消失。所以並無法上昇至高於 h_0 的高度。因此，接下來球會順著坡道滑下。

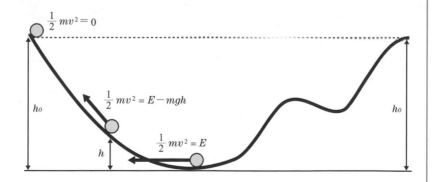

看了剛才的斜面圖……
讓我有點想坐雲霄飛車呢～

說到這個，遊樂園還真是物理定律的寶庫呢！

怎麼什麼都跟物理扯得上關係啊！

咦？

我只是在自言自語。

那麼，
力學的基礎差不多告一個段落了。

辛苦妳了！

我才要謝謝你。

多虧了你，我終於理解物理了！

如果妳有一點點開始喜歡物理的話……

我會很開心的。

對了！你會來看我和沙也加的比賽吧？！

……對不起。

那天我要在物理學會的高中生研討會發表研究成果。

啊……

小鹿亂撞

這樣啊！

真可惜，我原本還想讓你看我贏球，哈哈……

……

算了。

我們一起加油吧！！

進階

能量的單位

能量的單位可由動能的定義

$$動能 = \frac{1}{2} \times 質量 \times (速率)^2$$

求出。藉由上式，可將能量的單位訂爲

$$能量的單位＝質量的單位×速率的單位×速率的單位$$
$$= 〔kg〕\cdot〔m/s〕\cdot〔m/s〕= 〔kg\cdot m^2/s^2〕$$

（由於 $\frac{1}{2}$ 和單位無關，因此在訂定單位時將其省略）

由於能量爲時常出現的物理量，因此有一個專用的單位〔J〕（焦耳）。

$$1〔J〕=1〔kg\cdot m^2/s^2〕$$

另一方面，如同P.176所學到的，由「動能的變化＝作功」的關係式，我們可說

$$能量的單位＝功的單位$$

因此，

$$功的單位＝力的單位×距離的單位＝〔N〕\cdot〔m〕= 〔N\cdot m〕$$

雖然〔N·m〕這個單位看來和〔kg·m²/s²〕不同，但若套用〔N〕＝〔kg·m/s²〕，則

$$〔N\cdot m〕= 〔kg\cdot m/s^2\cdot m〕= 〔kg\cdot m^2/s^2〕= 〔J〕$$

可確認兩者爲相同單位。

爲了找出1焦耳（1J）的能量爲多少時，若使用1〔J〕＝1〔N·m〕的話，應該很容易了解吧！也就是說，

「1焦耳指的是，持續對物體施加1牛頓（N）的力，使其移動1公尺所作的功而產生的能量。」

此外，由於在質量 1 公斤的物體上作用的重力爲 9.8 牛頓，而剛好有 1 牛頓的重力作用的物體的質量爲 1/9.8〔kg〕= 0.102〔kg〕= 102〔g〕。這個意思正好就是在 P.161 龍太所說的「將重約 102 克的物體向上提 1 公尺，就會相當於 1 焦耳。」即爲此意。

能量的單位，除了焦耳之外，還有用於爐子等，和熱相關的機器或食品的卡路里〔cal〕。1 卡路里爲在一大氣壓之下，使 1 公克的水上昇 1°C 所需的熱能。和焦耳的關係爲

$$1〔cal〕\fallingdotseq 4.2〔J〕$$

此外，食品中則使用〔kcal〕（千卡路里）的單位。1〔kcal〕= 1000〔cal〕。

順道一提，冰淇淋 50 公克的熱量約爲 100kcal。請試著將此以焦耳來表示。則，

$$100〔kcal〕= 100\,000〔cal〕= 4.2 \times 100\,000〔J〕= 420\,000〔J〕$$

實在是非常大的值呢！然而，若與我們生活所需的能量相比，實際上卻又不是那麼大。依據日本厚生勞働省（相當於台灣的衛生署）的資料來看，15～17 歲的高中生 1 日所需的能量：女子約爲 2200kcal，而男子約爲 2700kcal。將女子的數值轉換爲焦耳後，則，

$$2\,200〔kcal〕\times 1\,000 \times 4.2〔J/cal〕= 9\,240\,000〔J〕$$

實際上這大概是多少能量呢？由於提起 1 公斤的物體至 1 公尺高所需的能量約爲 10 焦耳，因此是近似將提起 10^6 公斤 = 1000 噸的物體至 1 公尺高的所需能量的值。所以我們爲了活下去，每天必須要攝取相當大的能量才行。

上提的功與重力的功的差異

由於被垂直向上拋的物體僅有重力作用，因此只有重力對物體作功。另一方面，對物體施力垂直提起時，物體上會有上提的力與重力 2 種力，分別對物體作功。讓我們來看看，「向上拋」及「提起」時作功的差別。

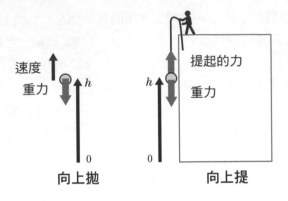

速度 重力 h 0 向上拋

提起的力 重力 h 0 向上提

首先，探討「向上拋」時的功。將質量爲 m 的物體垂直向上拋至高度 h 時，重力對物體所作的功爲（由於重力的方向和物體的移動方向相反，因此請設重力 $= -mg$。），

$$功 = -mgh \tag{1}$$

此處的功可由下述關係式，

$$物體的動能變化 = 物體的作功$$

而成爲動能的變化。若設上拋時的物體速率爲 v_0，在高度 h 時的速率爲 v，則由於，

$$動能的變化 = \frac{1}{2} mv^2 - \frac{1}{2} mv_0^2$$

將上述 3 式加以組合後，

$$\frac{1}{2} mv^2 - \frac{1}{2} mv_0^2 = -mgh$$

即可得，

$$\frac{1}{2} mv^2 + mgh = \frac{1}{2} mv_0^2$$

由此，可得知將物體「向上拋」時，重力位能增加的量就只有重力所作的功的量。

接下來，我們來探討「向上提」的狀況。在此，假設我們慢慢地以一定速度向上提起物體。

此時，由第一運動定律可知，對物體施加的力為 0，亦即為力的平衡狀態，因此（向量的）向上提起的力和重力的關係為，

向上提的力＋重力 = 0

因此，

向上提起的力 = －重力 = mg

由上式可得，

向上提的力對物體所作的功 = mgh

當然，下述的式子也會成立（請和式（1）比較）。

向上提的力對物體所作的功＋重力對物體所作的功 = 0

由於「向上提」的情況下，

動能的變化 = 0

因此合力應該是不作功的。這是因為向上提的力對物體所作的功變成了重力的位能 mgh 所致。

位能

動能為物體所具備的能量。相對於此，位能並非物體所具備的能量，而為儲存於空間中的能量。典型的位能有萬有引力作用的重力位能，或是有電的引力、排斥力作用的靜電位能。

雖然彈簧或橡皮筋的彈性位能也可視為位能的一種，但彈簧或橡皮筋所產生復原力的原因各不相同。一般來說，彈簧的復原力是因伸縮而造成彈簧的原子間隔（由作用於原子間的靜電位能決定）輕微地偏離穩定距離，而為了回復彈簧原狀所產生的力。實際的線圈型彈簧，即為了將如下頁圖中筆直的金屬棒所產生的輕微歪斜，透過捲成線圈狀而產生巨大位移後的產物。

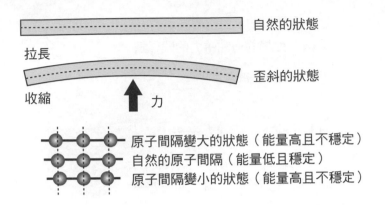

自然的狀態

拉長

歪斜的狀態

收縮　　　　　　力

原子間隔變大的狀態（能量高且不穩定）
自然的原子間隔（能量低且穩定）
原子間隔變小的狀態（能量高且不穩定）

另一方面，橡皮筋的彈性則是因爲橡皮筋拉長使得高分子由散亂成團的「亂度（熵）」（Entropy）大的狀態，到分子成爲排列整齊的「亂度（熵）」小的狀態，而爲了恢復爲原本的雜亂狀態而產生[1]。

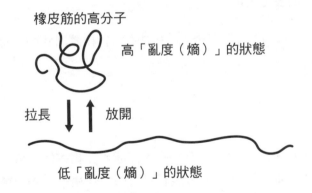

橡皮筋的高分子

高「亂度（熵）」的狀態

拉長　　放開

低「亂度（熵）」的狀態

向上拋的速度及高度

惠美在P.194曾問「以時速 100 公里投球，可上昇的高度」時，

※ 1此處所說的「亂度」，在物理上稱爲熵（Entropy）。一般而言，能量相同的事物，會傾向成爲熵較大的狀態。例如，若在水中滴入一滴墨水，墨水會開始與水混合。此時，墨水並不會聚集於一處，而會均勻地與水混合，這是因爲此時屬於熵很大（＝高「亂度」）的狀態。

龍太回答「39 公尺」。接著，我們來看看是否正確。

$$由 \; v_0^2 = 2gh，可得 \; h = \frac{v_0^2}{2g}$$

由於時速 100 公里＝ $100 \times 1000/3600$〔m/s〕，因此，

$$h = \frac{(1000/36)^2}{2 \times 9.8} \fallingdotseq 39.4〔m〕$$

挑戰

力的方向與功

功可以力與物體的位移來表示，且力 $\vec{F}$ 和位移 $\vec{x}$ 均屬向量。當力的方向和位移的方向不一致時，功 W 可表示如下。

$$W = |\vec{F}| \, |\vec{x}| \cos\theta$$

在此，以 $|\vec{x}|$ 表示物體的移動距離，θ 表示為兩向量的夾角，$|\vec{F}| \cos\theta$ 則表示物體的移動方向之力的內容。

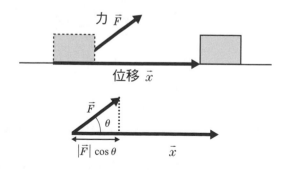

由於 $|\vec{F}||\vec{x}|\cos\theta$ 和兩個向量 $\vec{x}$ 和 $\vec{F}$ 的內積 $\vec{F}\cdot\vec{x}$ 一致，因此亦可表示爲

$$W = \vec{F}\cdot\vec{x} \quad ※2$$

若參考P.179，特別是當力的方向和位移方向一致時，則

$$W = |\vec{F}||\vec{x}|$$

亦即，

$$功＝力的大小×移動的距離$$

是作正功。此時，作功的物體的動能會增加。另一方面，若力與位移呈相反方向時，$\cos\pi = -1$，因此，

$$W = -|\vec{F}||\vec{x}|$$

是作負功。此時，作功的物體的動能會減少。此外，當力的方向和位移呈垂直時，則由於 $\cos(\pi/2) = 0$，因此 $W = 0$，結果不會作功。力的方向和位移呈垂直的典型例子就是等速圓周運動。等速圓周運動中雖然朝向圓中心的力（向心力）在作用，但由於功爲 0，動能不會產生變化。因此，可以固定速率來進行圓周運動。

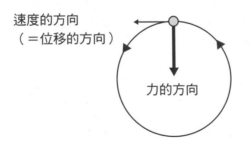

速度的方向
（＝位移的方向）

力的方向

力非固定時的功（一維）

當力固定時，功被定義爲「功＝物體的移動距離×移動方向的力的大小」。

※ 2也許你們會對內積的出現感到驚訝。功和能量同樣都是純量。另一方面，力和位移則是向量。因此，爲了將力和位移這兩個向量和功這個純量相結合時，必須進行將向量轉換爲純量的運算。向量的內積即爲此種演算。

然而，實際上，施於物體上的力大多是不固定的情況。在這類情況下，我們可以將力的作功分爲短的區間來思考。至於區間該設爲多短，通常是將其設爲力可視爲固定的短區間。將短區間設爲 Δx，該區間中物體上的力爲 F_i，則動能的變化，可寫成與 P.178 相同的式子，

$$\frac{1}{2}mv_{i+1}^2 - \frac{1}{2}mv_i^2 = F_i\Delta x \qquad (1)$$

若將區間 $x - x_0$ 分爲 N 個可將力視爲固定的微小區間下，則在 $0 \le i < N-1$ 之下，式（1）是成立的。再將 N 個數式加總，則

$$\left(\frac{1}{2}mv_1^2 - \frac{1}{2}mv_0^2\right) + \left(\frac{1}{2}mv_2^2 - \frac{1}{2}mv_1^2\right) + \left(\frac{1}{2}mv_3^2 - \frac{1}{2}mv_2^2\right)$$
$$+ \cdots = F_0\Delta x + F_1\Delta x + F_2\Delta x + \cdots \qquad (2)$$

由於左項會相互抵消，因此剩下的只有

$$\frac{1}{2}mv_{N-1}^2 - \frac{1}{2}mv_0^2$$

然而，之前已設 $v_{N-1} = v$，因此，式（2）可表示爲

$$\frac{1}{2}mv^2 - \frac{1}{2}mv_0^2 = \sum_{i=0}^{N-1}F_i\Delta x$$

換句話說，即使力是不固定，我們也可得知在全區間內，動能的差等於物體上的作功。此外，微小區間區分得越細，則區間內的力越是能精準地趨近於固定。因此，若將短區間細分到極限後（此時 N 爲無限大），功 W 可以積分表示爲，

$$W = \lim_{\substack{\Delta x \to 0 \\ (N \to \infty)}} \sum_{i=0}^{N-1} F_i\Delta x$$

$$= \int_{x_0}^{x} F(x')dx'$$

可得到數學上的嚴謹結果。然而，在各別位置 x 上對物體作用的力爲 $F(x)$。事實上，若以積分的概念來思考，這只是將細分後的產物相加所得結果而已。

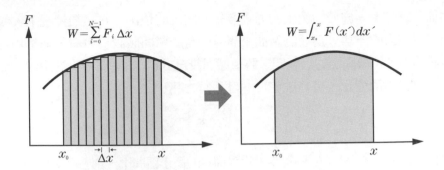

結果，「某物體在兩地點間的動能變化會等於該區間內物體上所作的功」可以在功為

$$W = \int_{x_0}^{x} F(x')dx' \quad 時，$$ (3)

表示為，

$$\frac{1}{2}mv^2 - \frac{1}{2}mv_0^2 = W$$ (4)

此外，亦可由運動方程式直接導出功與動能的關係式。

若在運動方程式

$$m\frac{dv}{dt} = F$$

的兩邊同時乘以速度 v，再以 0 至 t 的時間做積分後，可得關係式，

$$\int_0^t mv\frac{dv}{dt}\,dt = \int_0^t Fv\,dt$$

若利用上述左項成立的關係式

$$\frac{d(v^2)}{dt} = 2v\frac{dv}{dt}$$

而右項套用 $v = dx/dt$，則

$$\int_0^t \frac{d}{dt}\left(\frac{1}{2}mv^2\right)dt = \int_0^t F\left(\frac{dx}{dt}\right)dt$$

亦即

$$\int_{v_0}^{v} d\left(\frac{1}{2}mv^2\right) = \int_{x_0}^{x} Fdx$$ (5)

然而，設在時刻 $t = 0$ 及 t 時的位置和速度分別為 x_0、v_0 和 x、v。由於式 (5) 的左式為動能的變化

$$\int_{v_0}^{v} d\left(\frac{1}{2} mv^2 \right) = \frac{1}{2} mv^2 - \frac{1}{2} mv_0^2$$

式 (5) 的右式為功，因此可導出式 (4)。

以上，是簡單地探討一維的情況，不過，即使是三維，其基本概念也是完全相同。

保守力及能量守恆定律

於高度 x 時，重力的位能可表示為 mgx。若加上負號後加以微分，則可得

$$- \frac{d(mgx)}{dx} = -mg$$

右項只表重力。因此，若設

$$V = mgx \quad \text{且} \quad F = -mg$$

則可得知

$$F = - \frac{dV}{dx} \tag{6}$$

的關係。不僅限於重力，如同式 (6) 一般，可以用位能來表示的力稱為保守力。原因在於，這類的力滿足能量守恆定律。

實際上將式 (6) 代入功的式 (3) 後，會得到

$$W = - \int_{x_0}^{x} \frac{dV}{dx'} \, dx' = - \int_{V(x_0)}^{V(x)} dV \tag{7}$$
$$= -[V(x) - V(x_0)]$$

再將此代入動能的變化和功的關係式 (4) 後，可得

$$\frac{1}{2} mv^2 - \frac{1}{2} mv_0^2 = - [V(x) - V(x_0)]$$

我們可知能量守恆定律

$$\frac{1}{2} mv^2 + V(x) = \frac{1}{2} mv_0^2 + V(x_0)$$

會成立。

彈簧的位能及力

接著，我們將彈簧的復原力當作保守力的另一個例子來思考看看。將彈簧係數爲 k 的彈簧由自然長度多拉長（縮短）x 時，蓄積於彈簧的彈性能可表示如下。

$$V = \frac{1}{2} kx^2$$

我們可將此彈性能視爲彈簧的位能。此時，與彈簧相接的質量 m 的物體上，可成立能量守恆定律

$$\frac{1}{2} mv^2 + \frac{1}{2} kx^2 = 固定$$

此外，具有位能的情況下，可得知物體上有力

$$F = -\frac{d}{dx} \left(\frac{1}{2} kx^2 \right) = -kx$$

這就是表示爲彈簧的復原力的式子。

當然，將復原力 $F = -kx$ 的彈簧由外力 $F' = kx$ 將彈簧拉長 x，所作的功爲

$$W = \int_0^x (-kx')\, dx' = k \left[\frac{1}{2} x'^2 \right]_0^x = \frac{1}{2} kx^2$$

即爲增加的彈性位能。由式（7）來考量的話，就會顯得理所當然。

非保守力及能量守恆定律

無法以位能來表示的力，稱爲**非保守力**。摩擦力即爲典型的非保守力。非保守力作用的情況下，單純的能量守恆定律：物體的動能和位能的總和爲固定，不會成立。實際上，在具有摩擦力的桌子上滑動的物體，會由於它而停下來。這意味著，起初具備的動能消失了。然而，即使如此，並不能斷定「能量守恆定律不成立」。因爲，物體的動能只是以熱能[3] 的形式變化爲微觀的分子運動而已，因此能量的總量仍是不變的。如同於P.190龍太所說的，若要深入考量至微觀的分子運動，則即使有摩擦力等非保守

---

[3] 「熱能」實際上是不正確的表現。熱是由能量的轉移，並非物體或空間原有的能量。如同功不可稱爲功能一樣。

力作用的情況下，能量守恆定律仍會成立。

　　然而，以分子概念思考時，有不可忽略的事項。那就是爲了闡明分子的世界，一般而言，必須使用量子力學。亦即，本書所說明的牛頓運動定律是不適用於微觀世界中的。此外，若要考量原子能的情況，則由於是以相對論中的能量概念及核反應等高級物理爲基礎，因此力學上的處理會變得更加複雜。然而，即使將討論範圍擴大到量子力學及相對論，能量守恆定律仍會成立。能量守恆定律可說是最受物理學者信賴的自然界基本定律也不爲過。

能量守恆定律及硬幣碰撞問題

　　在第 3 章，我們曾探討過硬幣碰撞及二維的動量守恆定律（P.146）。那麼，若將動量守恆定律依分量來表示，我們能學到，

$$對於 x 方向：mv = mv'\cos \theta + MV'\cos \phi$$
$$對於 y 方向：0 = mv'\sin \theta - MV'\sin \phi$$

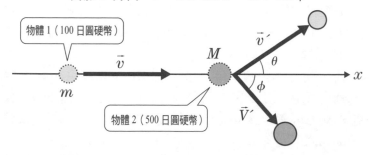

　　接下來，兩物體碰撞時若爲能量守恆（稱爲完全彈性碰撞，Completely Elastic Collision），則，

$$\frac{1}{2}mv^2 = \frac{1}{2}mv'^2 + \frac{1}{2}MV'^2$$

會成立。由於這三項式子尚有 4 個未知數 v'、V'、θ、ϕ，因此無法求出全部，但仍可求出兩個量之間的關係式。我們以求出碰撞後的物體 1 的速率 v' 和散射角（Scattering Angle）θ 的關係式來舉例。爲了簡化，我們假設 $m < M$。（100 日圓硬幣和 500 日圓硬幣的碰撞適用於此條件）。首先在動量守恆定律的兩式中，以$\cos\phi$、$\sin\phi$ 解開的式子中代入$\cos^2 \phi + \sin^2 \phi =$

1，而消去 ϕ。如此一來，即可得，

$$V'^2 = \left(\frac{m}{M}\right)^2 (v^2 - 2vv'\cos\theta + v'^2) \text{※4} \tag{8}$$

將此代入能量守恆的公式計算後，形成

$$v' = \frac{(m/M)\cos\theta + \sqrt{1-(m/M)^2\sin^2\theta}}{1+m/M} v \tag{9}$$

順道一提，在此式中，若設 $\theta = 0$，則 $v = v'$。這即為物體1未與物體2碰撞而直接通過的情況。

另一方面，若是朝反方向彈回時，也就是設 $\theta = \pi$，則，

$$v' = \frac{1-m/M}{1+m/M} v$$

此式在 $M \gg m$ 的情況下，可得知趨近 $v' = v$ ※5。這意味著，當質量小的物體正面碰撞巨大的物體時，會以相同的速率彈回。另一方面，若 $M = m$ 時，則 $v' = 0$。這只要以 100 日圓取代原本的 500 日圓，並盡可能使兩個 100 日圓在不歪斜的情況下正面碰撞，即可確認。碰撞後的 100 日圓會靜止，而原先靜止的 100 日圓硬幣會以相同速率彈出。在這種情況下，若設 $V' = v$ 也可簡單地由式（8）得知。

試著將式（9）中所得的，100 日圓碰撞前後的速率比 v'/v 及散射角 θ 的關係，以圖來表示。由於 100 日圓的質量為 4.8 公克，而 500 日圓的質量為 7.0 公克，因此 $m/M = 4.8/7.0 \fallingdotseq 0.69$。若將此代入式（9）計算後的結果繪成圖形，即如同下圖所示。

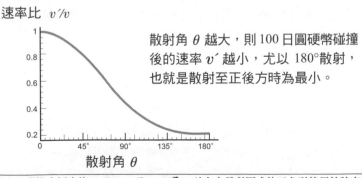

散射角 θ 越大，則 100 日圓硬幣碰撞後的速率 v' 越小，尤以 180°散射，也就是散射至正後方時為最小。

※4 以向量圖表示動能守恆定律 $m\vec{v} = m\vec{v}' + M\vec{V}'$，並在向量所圍成的三角形使用餘弦定律，便馬上可導出。

※5 即使直接以式（9）思考 $M \gg m$ 的情況，也可得知 $v' = v$。

也會決定之後
球的運動！

嘿！

龍太所說過的話
發揮效用了！

看好喔！

但是，
龍太卻

不在……

接下來，就是在
比賽中好好集中
注意力！

糟糕……

驚

Advantage*
沙也加！

噠 噠 噠 噠

喂
妳應該沒有
退路了吧？

我……
我知道啦！

嗨！
小……小惠！

*網球術語：得分。

氣喘吁吁

趕上了！

龍太？！

你果然來了！

……

噴

我把發表的時間提前才能趕來。

哈哈……謝謝你♪

小惠……集中注意力喔！

好！

嘩

……好的。接下來換我發球了！

轉

Deuce*

*網球術語：平手。

來不及反應
......

妳還真的進步
不少......

果然是因為有
老師指導吧！

太好了！

Advantage！
惠美！

這樣不行。

集中注意力！

我可以的，
只要再一球。

一定可
以。

集中注意力！

賢流

我可以！！

◉ 出現於力學的物理量和單位的關係

距離(長度)〔m〕　時間〔s〕　質量〔kg〕　(基本單位)

速度〔m/s〕 = $\dfrac{\text{距離〔m〕}}{\text{時間〔s〕}}$

加速度〔m/s²〕 = $\dfrac{\text{速度的變化〔m/s〕}}{\text{時間〔s〕}}$

運動方程式
力〔kg·m/s²〕= 質量〔kg〕×加速度〔m/s²〕
〔kg·m/s²〕=〔N〕（牛頓）

動量〔kg·m/s〕= 質量〔kg〕×速度〔m/s〕

衝量〔N·s〕=力〔N〕× 時間〔s〕
〔N·s〕=〔kg·m/s²·s〕=〔kg·m/s〕

功〔N·m〕=力〔N〕× 距離〔m〕
〔N·m〕=〔kg·m²/s²〕=〔J〕（焦耳）

動能〔kg·m²/s²〕=$\dfrac{1}{2}$× 質量〔kg〕×（速度）²〔(m/s)²〕
〔kg·m²/s²〕=〔J〕（焦耳）

10 進位倍數之詞頭

記號	讀法	單位乘方倍數	符號	讀法	單位乘方倍數
da	Deka	10	d	Deci	1/10
h	Hecto	100	c	Centi	1/100
k	Kilo	1000	m	Milli	1/1000
M	Mega	10^6	μ	Micro	10^{-6}
G	Giga	10^9	n	Nano	10^{-9}
T	Tera	10^{12}	p	Pico	10^{-12}
P	Peta	10^{15}	f	Femto	10^{-15}
E	Exa	10^{18}	a	Atto	10^{-18}
Z	Zetta	10^{21}	z	Zepto	10^{-21}
Y	yotta	10^{24}	y	Yocto	10^{-24}

希臘字母的讀法

大寫字母	小寫字母	讀法	大寫字母	小寫字母	讀法
A	α	Alpha	N	ν	Nu
B	β	Beta	Ξ	ξ	Xi
Γ	γ	Gamma	O	o	Omicron
Δ	δ	Delta	Π	π	Pi
E	ε	Epsilon	P	ρ	Rho
Z	ζ	Zeta	Σ	σ	Sigma
H	η	Eta	T	τ	Tau
Θ	θ	Theta	Y	υ	Upsilon
I	ι	Iota	Φ	ϕ、φ	Phi
K	κ	Kappa	X	χ	Chi
Λ	λ	Lambda	Ψ	ψ	Psi
M	μ	Mu	Ω	ω	Omega

國家圖書館出版品預行編目資料

世界第一簡單物理學. 力學篇 / 新田英雄著；林
羿妏譯. -- 二版. -- 新北市：世茂出版有限公
司, 2021.11
面；　公分. --（科學視界；261）
ISBN 978-986-5408-67-1（平裝）

1. 力學　2. 漫畫

332　　　　　　　　　　　　110015501

科學視界 261

【修訂版】世界第一簡單物理學【力學篇】

作　　者／新田英雄
作　　畫／高津 Keita
製　　作／TREND・PRO
審　　訂／朱士維、李荐軒
譯　　者／林羿妏
主　　編／楊鈺儀
責任編輯／陳美靜
外約潤校／謝仲其
封面設計／江依玶
出 版 者／世茂出版有限公司
地　　址／（231）新北市新店區民生路 19 號 5 樓
電　　話／（02）2218-3277
傳　　真／（02）2218-3239（訂書專線）
劃撥帳號／19911841
戶　　名／世茂出版有限公司　單次郵購總金額未滿 500 元（含），請加 60 元掛號費
世茂官網／www.coolbooks.com.tw
排版製版／辰皓國際出版製作有限公司
印　　刷／世和彩色印刷股份有限公司
二版一刷／2021 年 11 月

Ｉ Ｓ Ｂ Ｎ／978-986-5408-67-1
定　　價／340 元